U0146716

Photoshop CS3
数码相片处理100例

曹春海　主　编

张锐　宗丽娜　副主编

中国电力出版社
www.infopower.com.cn

内 容 提 要

本书以数码摄影的后期处理为主进行介绍，以 Photoshop CS3 简体中文版为讲解软件，介绍如何使用 Photoshop 进行数码照片的后期处理，包括照片的缺陷修复、色彩调整、艺术效果的制作、外挂滤镜的使用等内容。

本书以浅显易懂的手法，由浅入深地介绍，通过在生活中的拍摄实例，并辅以教学演示的方法，指导读者快速掌握学习内容。在本书写作过程中，还穿插介绍一些基本的数码摄影知识，让读者的摄影技术得到进一步加强。

本书既可作为数码摄影爱好者的好帮手和学习数码摄影后期处理的参考书，还可以为专业图像设计人员、数码影楼从业者、商业广告摄影师提供技术参考。

图书在版编目（CIP）数据

Photoshop CS3 数码相片处理 100 例／曹春海主编 . —北京：中国电力出版社，2008.5
ISBN 978-7-5083-6658-6

I. P… Ⅱ . 曹… Ⅲ . 图形软件，Photoshop CS3 Ⅳ . TP391.41

中国版本图书馆 CIP 数据核字（2008）第 036522 号

责任编辑：杜长清
责任校对：丁秋慧
责任印制：李文志

书　　名：Photoshop CS3 数码相片处理 100 例
编　　著：曹春海
出版发行：中国电力出版社
　　　　　地址：北京市三里河路 6 号　　邮政编码：100044
　　　　　电话：（010）68362602　　传真：（010）68316497
印　　刷：北京盛通印刷股份有限公司
开本尺寸：203mm×260mm　　印　张：19.5　　字　数：548 千字
书　　号：ISBN 978-7-5083-6658-6
版　　次：2008 年 5 月北京第 1 版
印　　次：2008 年 5 月第 1 次印刷
印　　数：0001—4000 册
定　　价：49.80 元（含 2CD）

敬 告 读 者

与传统摄影相比，数码摄影具有无需胶卷，随时观察拍摄效果，对拍摄效果不佳的照片随时删除，方便地进行微距拍摄和输入计算机进行多种处理等优点，因而受到广大摄影爱好者的喜爱。

同时，随着数码技术的不断改进，数码摄影质量已逐渐赶上或超过了传统摄影质量，而数码相机价格却大幅下降，这就为数码相机的快速普及提供了可能。要对拍摄的数码相片进行艺术化处理或者修复某些拍摄效果不佳的相片，我们必须借助某种软件来完成，而 Photoshop 作为目前最为优秀的图像处理软件之一，是我们的首选。该软件具有强大的图像处理功能和很好的稳定性，因而受到广大平面设计人员、美术创作人员和电脑爱好者的欢迎。

本书详细地介绍了数码照片的基本润饰方法和照片影调和色调的调整方法，以及各种艺术照片的制作方法；并在学习过程中，穿插介绍了有关数码摄影的基本知识、数码相机拍摄技巧等。

通过阅读本书，读者不但可以快速掌握 Photoshop 的各种图像润饰的工具，还可以了解更为专业的图像处理知识，在学习中提高自己的数码摄影水平。

本书共分为 4 个部分。

第 1 章～第 6 章为第一部分，主要介绍如何使用 Photoshop 进行数码照片的基本调整方法。在这部分内容中，将带领读者系统地学习如何挑选照片、修改照片的尺寸、色调和影调的调整、人物脸部的美容处理、制作艺术效果等方面内容。

第 7 章～第 9 章为第二部分，主要介绍一些市面上优秀的外挂滤镜和软件。这些插件是伴随数码摄影的行业发展应运而生的。它们的有些功能与 Photoshop 不相上下，而有些则要超越前者。所以对于读者来讲，多掌握一些图像处理工具，会让自己在摄影暗房方面更加游刃有余。

第 10 章为第三部分，主要介绍了如何对数码影像进行后期的输出，输出的方法包括打印和冲印。

附录 A 和附录 B 构成第四部分，主要对配套光盘中的内容进行介绍。

本书附带光盘共有两张，分别为"资源光盘"和"教学光盘"。"资源光盘"中包含了书中的实例文件，以及制作这些实例时所使用的素材。另外，为了帮助读者学习，书中提供了大量的数码照片后期处理分类保存的动作集，这些动作是作者在日常工作中使用的，相信会对读者的工作和学习提供帮助。最后，光盘中附带大量精美的藏区人文风光摄影作品，为作者赴西藏采风时拍摄的，可供读者学习和参考。"教学光盘"是精彩的多媒体演示教学光盘，它由动画、视频和语音组成，向读者介绍了本书所有范例的操作过程。

本书的结构安排是本着以人为本的原则，让读者通过本书的学习，可以全面解决数码摄影后期处理的常见问题。

本书由曹春海主编，张锐、宗丽娜任副主编，刘春阳、刘鹏、曹丰国、丁虹、岳淑梅、曲妮娜等参与编写，在此表示衷心的感谢。

限于编者水平，书盘中不妥之处敬请读者批评指正。

作　者
2008 年 1 月

目录

CONTENTS

第 1 章

数码影像处理入门

从本章开始，我们来学习 Photoshop 这个软件在图像处理中的应用。Photoshop 是一个平面处理软件，我们主要用它进行照片的后期处理。在传统摄影中，从底片的显影开始，冲洗、放大、制作一些特效、底片合成等操作都需要在暗房中进行，所以在数码时代的今天，我们习惯上将 Photoshop 称为数码暗房。

在开始对 Photoshop 这个软件学习以前，让我们首先来学习一下传统暗房与 Photoshop 这个数码暗房的关系和区别。希望通过对比，让读者对摄影暗房有一个整体的了解。

1.1 传统暗房和数码暗房

摄影发展到今天，与科技的日新月异是完全分不开的。虽然从数码相机诞生的那一天开始，就有无数痴迷于传统摄影的爱好者对这种新技术无比反对，但是，存在即是合理的，数码摄影技术不但没有消亡，反而以更快、更好的趋势向前发展。

纵观整个数码摄影技术，从拍摄→冲洗→制作的所有流程，最大的好处就是为摄影者提供了极大的方便，让原来高昂的成本变成平民都可以承受的，从而让摄影这个过去贵族化的艺术形式走向大众。

与摄影相同，照片的获得方式也具有同样的境遇。很多传统的摄影家对使用 Photoshop 进行后期制作的数码照片嗤之以鼻，认为使用软件处理以后的照片将不再是真实的照片。但是实际上，Photoshop 的介入，只是在一定程度上降低了摄影爱好者的成本以及操作的局限性。当我们对 Photoshop 有足够的认识以后就会发现，它对照片的处理过程与传统暗房具有很大的互通性。

1.1.1 传统暗房

我们所说的暗房是指专为银盐感光材料进行影像处理照度足够低的工作空间。这个空间大到整栋房子，小到一个冲洗罐。传统摄影中用于记录影像的介质是以银盐为主要成分的化学物质，这种化学物质对光的敏感性被广泛应用到感光行业的各个领域。但银盐接受光照后，也就是曝光之后，它并不能立即将记录的影像呈现出来，而是作为一种潜影的状态在胶片或相纸上保存下来。在这种潜影中，你无法用肉眼分辨哪些部分是已经感光了，哪些部分是未感光的；更不能将它直接置于有光照的地方，否则未感光的部分也就被曝光了。那么该如何处理这些已拍摄完了（已曝光）的潜影呢？这就要进入传统摄影体系中十分关键的一个环节：暗房冲洗。

冲胶片是利用一套完整的化学药剂使胶片中的潜影显露出来，变成可视影像固定在透明胶片上。洗照片是利用一套完整的化学药剂使潜影在相纸中显露出来，变成可视影像固定在纸面上。能完成其中任意一项或两项工作的场所，就称之为暗房。

一个暗房应该具备怎样的条件呢？首先，它必须是足够黑。这个"黑"是相对于被冲洗的胶片或相纸而言的，在这个环境中它不会被曝光，但不是漆黑一片，什么都看不见。如这样解释不太好理解的话，举例来说明：如在冲洗黑白全色胶片时，由于全色片对深绿色反应迟钝，我们就可以利用深绿色光源作为保护色，这样既可以为我们提供微弱的光照条件，便于观察胶片的显影状态，同时又不至于使胶片作无谓的感光。而在洗黑白照片时，由于黑白相纸对红光反应迟钝，我们就可以用红光作保护光源并提供工作照明。

但这是黑白暗房，对于彩色暗房来说，更复杂一些。可以想像，彩色胶片或相纸几乎对所有光都敏感，所以在彩色暗房中，可以说真是漆黑一片了。鉴于这种苛刻要求，如今的彩色冲洗工艺已普遍实行了机器自动化，冲卷机或彩扩机，我想大家都已十分熟悉，其实这些都是自动化运行的暗房。

其次，暗房里应该有各种能使潜影原形毕露的化学药剂。以传统黑白冲洗工艺为例，D-76 显潜液是冲胶片，而 D-72 显潜液是洗相片。通过显影，我们就可以看到已经记录下来的影像了。显影以后，一般我们要将胶片（相纸）在清水中过一下，清洗掉残留的药液，接下去就可以进入定影了，一般我们用 F-5 工艺（酸性坚膜定影液）来完成。

定影完成后，就可以进行水洗、干燥，最后就得到我们所需要的底片（或相片）了。彩色冲洗工艺，目前主要有 C-41 彩色负片冲洗工艺，E-6 彩色反转冲洗工艺，以及 EP-2 彩色相纸冲洗工艺，这里就不进行具体介绍了，业余可以参考相关的资料。

最后，就是那些冲洗所需要的硬件设施了，如冲洗罐、放大机、印相机等。如图 1-1 所示是一个比较标准的黑白暗房配置，是著名摄影家尤金·史密斯（W. Eugene Smith）和他的摄影暗房，从图中可以看出设备的繁多。

上面简要介绍了传统暗房的基本操作流程和构成，那么对于数码时代的今天，我们可能只需要一台装有 Photoshop 的电脑就足够了，如图 1-2 所示。如果打算将处理以后的照片送去数码店冲洗，那么甚至连打印机也不用配置。

摄 影 知 识

（1）过去建立暗房时要将墙面涂上黑色，这样做虽然可减少反光，但是在里面工作的人员会感到压抑，从而影响操作人员的心情。根据现在流行的做法，是将墙面涂成灰色，还有人干脆就选择白墙，但要将放大机所在较近的墙面和顶部涂成灰色或黑色，这样可避免放大机的光源反射到墙上又反射到相纸上，使相纸产生灰雾。

（2）相纸冲洗设备可分为传统冲洗设备和激光数字冲洗设备两种，传统冲洗设备多为滚轴式设计，使用柯达 RA-4 工艺，普通相纸；激光数字冲洗设备为现代科技的最新产物，使用特殊的感光材料，具有输入类型广泛、色彩艳丽夸张、方便快捷等特点。

图 1-1　摄影家的暗房

图 1-2　现代暗房设备

1.1.2　传统暗房与数码暗房的特点

暗房开始是为正常冲放而设置的，后来在摄影发展的过程中，在摄影人的创作与不断摸索中，发明了暗房特技，如中途曝光、水墨画效果、浮雕效果等。某些特技如中途曝光，明室放大系统就做不到，必须在暗房中制作，我们需要做大量的准备工作，要有一系列器材，如放大机、放大镜头、切刀、印相箱、尺板、冲洗盆、量杯、温度计、药品等，如图 1-3 所示。

摄 影 知 识

标准传统暗房所需使用的设备众多，其中主要设备有放大机、放大镜头、放大尺板、曝光定时器、脚踏开关、放大测光表、安全灯、冲洗罐、显影盘、冲洗定时器、温度计、裁纸刀等。

图 1-3　各类暗房设备

操作时要先配好药水，准备好放大设备，然后曝光，进行放大试验。试验往往不是一次就能成功，要试很多次，才能得到一张满意的照片。搞暗房特技时，工作就更多了，如中途曝光，中途曝光时间的试验就可能试很久，甚至一天下来都做不出一张满意的照片。加上在暗房这样恶劣的环境下呆久了都没出一张成果，真是使人沮丧，有了数码技术，就使得图像处理方便了很多。

过去我们在暗房里需要一张张相纸反复试制才能获得的图像，用电脑处理瞬间可得，传统摄影技术做不到的特殊效果，电脑软件都可做到。如图像的分割、组合、复制、焦点调整、局部调整颜色、反差等，调整效果更是实时显现，方便快捷。要张冠李戴，易如反掌，且不留痕迹，其准确性与时效性是传统摄影技术所不可比拟的，其便利程度达到了想怎样做就怎样做的地步，这种后期制作便利的技术优势，为图片的再创作提供广阔的空间。

1.1.3 Photoshop——数码暗房的优势

前面简单介绍了传统暗房与数码暗房的不同，我们也从中真切地感受到了数码暗房带给我们的便利。实践证明，各种暗房技巧我们都可以在电脑中使用Photoshop 来实现。下面我们举例来说明两者的差距。

首先，调色是照片后期处理方面的主要问题。对于传统暗房来讲，对一幅照片的调色往往要耗费很长时间。首先需要将充分定影及水洗的照片浸入漂白液中进行漂白几分钟；然后将漂白后的相纸，用流水作彻底的水洗；再将相纸浸入调色液中，并不断摇晃，最后进行水洗，整个过程大概需要一个小时，在进行操作的过程中，每个步骤都需要严格地控制时间，所以操作上非常的繁琐。

但是在 Photoshop 中调色则轻而易举，只需要执行一个命令，单击几下鼠标就可以完成，如图 1-4 所示。

图 1-4 在 Photoshop 中调整色彩

再举一个制作水墨画艺术效果的例子。传统暗房中的水彩水墨效果是通过二次（虚实对焦）放大曝光来实现的，这是一种非常复杂的操作，该做法对原片还有要求：最好是在光线比较均匀的条件下拍摄的底片，因为是两次曝光，第一次是虚的，第二次是实的，所以放大机的高度控制及两次曝光影像重叠的精确性尤为重要，一般需要做多次尝试才能得到较为满意的效果，如图 1-5 所示。

图 1-5　传统暗房制作的水墨画效果

　　数码暗房 Photoshop 制作比较直观一些，可参看画面的效果来进行调整。Photoshop 中打开照片后复制背景层，在图层混合模式中选择叠加模式，并把复制的层执行模糊滤镜中的高斯模糊，设置成 5（这里不需过大，一般不超过10），适当地调整该层的反差及不透明度，合并图层，重复上述步骤后合并所有层，再新建图层，在新建图层上执行渲染滤镜中的云彩滤镜，然后再执行高斯模糊滤镜设置成 5，并把图层混合模式改为变亮模式，最后再进行合并。根据不同的题材再进行局部动感模糊。Photoshop 中制作水彩水墨画效果也是比较复杂的工程，但可以直观地看到效果，主要的过程就是这样，根据每个人的需要适当调整反差及不透明度，在调整反差和色彩饱和度时夸张一点，这样做出的效果会更好，如图 1-6 所示。

作者心得

文中主要介绍使用 Photoshop 基本功能获得特效的方法，在本书后面章节中，还会出现更多实用而精彩的技巧，其中包括外挂滤镜以及专用软件等，希望读者能够选择一种最切合实际并适合自己的方式。

图 1-6　Photoshop 制作的水墨画效果

　　上面介绍的数码暗房制作方式比较简单，我们将在本书的后面章节中，为大家详细而系统地介绍其他有关 Photoshop 数码暗房的知识。相信大家通过本书的学习，都可以对自己满意的照片随心所欲的进行暗房艺术处理，从而全面体会数码时代带给我们的乐趣。

1.2 认识 Photoshop

上一节中我们分析了传统暗房与数码暗房的联系与区别，从中可以看出数码暗房的强大优势。在学习如何使用数码暗房获得各种艺术效果之前，我们首先来关心一下数码暗房的主体——Photoshop CS3。

对于 Photoshop 这个软件来讲，目前已经非常普及，即使大家没有使用过它，相信对其名字也不会陌生，因为 Photoshop 借助于其强大的图像处理功能，基本上已经进入到我们生活的方方面面了。

1.2.1 运行界面以及自定义界面

在使用 Photoshop 进行数码照片处理之前，总希望有一个适合于自己的软件界面，这样才能更加流畅地完成工作，如图 1-7 所示的就是 Photoshop 在工作过程中的界面。

图 1-7　Photoshop 的软件运行界面

有一个流畅的系统环境是工作必须具备的条件之一，现在很多软件在升级的过程中，非常重视界面的个性化问题，大多数软件都可以按照自己的工作习惯进行自由配置。在 Photoshop 中，除了工具箱、控制面板以及工具选项栏可以自由移动位置以外，还可以对控制面板进行重组和分离，以便于节省更多的工作空间。

Photoshop 共有 10 多个控制面板，它们的隐现都可以通过执行"窗口"菜单下的相应命令来完成，如图 1-8 所示。

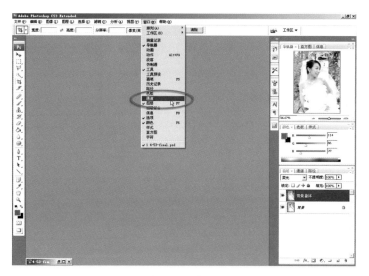

图1-8　使用"窗口"菜单设置控制面板隐现

　　每个人都有各自的工作习惯，同样完成一个作品所用的命令和功能都不完全相同，我们可以按照自己的习惯来对控制面板进行重组和分离。使用鼠标按在控制面板的标签栏上，然后拖动鼠标，就可以将该控制面板从组中分离出来，如图1-9所示。

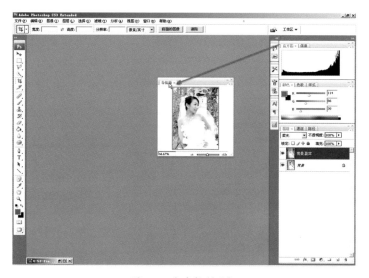

图1-9　分离控制面板

　　使用同样的方法，也可以将这个控制面板合并到其他的面板组中。这样，就可以把一些常用的控制面板组合到一起去，不但节省了显示空间，而且操作起来也更加方便，如图1-10所示。

　　如果对原始界面进行了修改，而又想回到原始的状态，这个时候应该执行菜单中的"窗口"|"工作区"命令，将会弹出一个子菜单，如图1-11所示。在其中，我们可以非常容易地对当前工作区进行保存，载入以前保存的工作区，或者使用"复位调板设置"命令，将界面恢复到原始状态。

软件技巧

除了可以控制面板的显示隐藏以外，也可以使用"窗口"菜单对工具箱以及工具选项栏进行显示。

作者心得

如果使用 Photoshop 进行数码照片的处理，常用的控制面板有"图层"、"通道"、"动作"、"导航器"、"历史记录"等。如果有特殊需要，再对其他控制面板进行显示设置。

软件技巧

除了复位调板以外，
读者也可以将经常使
用的一些界面组织形
式保存起来，可以通
过执行菜单中的"窗
口"|"工作区"|"存
储工作区"命令来完
成。

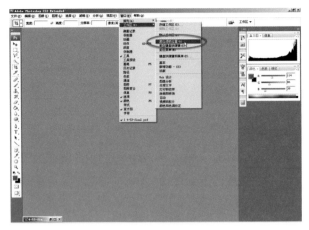

图 1-10　重组控制面板　　　　　　　　　图 1-11　复位调板设置

1.2.2　Photoshop 常用的图像格式

　　Photoshop 是一个点阵图图像处理软件，所处理的文件都是以位图的形式
存在的。即使位图格式文件，如数码照片的格式也有很多种。它们之间存在着
各自的优缺点，在后期的使用过程中，每种文件格式也都有其存在的必要性和
价值。下面，我们来介绍一下常见的几种文件格式，这些格式里面既有数码照
片本来的文件类型，也有被 Photoshop 处理后保存的格式。

　　PSD 是 Photoshop 特有的图像文件格式，支持 Photoshop 中所有的图像
类型。它可以将所编辑的图像文件中的所有有关图层和通道信息记录下来，如
图 1-12 所示。所以，在编辑图像的过程中，通常将文件保存为 PSD 格式，以
便于以后重新读取需要的信息。

作者心得

在本书中所有涉及到
图层操作的实例，都
保存为原始的 PSD 格
式文件。读者可以从
光盘中将这些文件打
开，用于学习和参考。

图 1-12　使用 PSD 格式保存图层

　　但 PSD 格式的图像文件很少被其他软件和工具支持，所以，在图像制作完
成以后，通常需要转换为一些比较通用的图像格式，以便于进行后期的输出。

另外，用 PSD 格式保存图像时，图像没有经过压缩，当图层较多时，会占用较大的硬盘空间。图像制作完成以后，除了保存为通用的格式以外，最好再存储一个 PSD 的文件备份，直到确认不需要在 Photoshop 中再次编辑该图像为止。

JPG 图像格式可支持 24 位全彩。它精确地记录每一个像素的亮度，但采取计算平衡色调来压缩图像，因此我们的肉眼无法明确地分辨出来。事实上，它是在记录一幅图像的描述说明，而不是表面化地对图像进行压缩。浏览这幅照片所使用的网络浏览器或者图像编辑软件将翻译它所记录的描述说明成为一幅点阵图像，让它看起来类似原始的影像。

JPG 格式是目前对同一图像压缩比例最大、而质量损失最小的一种图像格式。如果条件有限，而又不想最大可能表现图像的效果，那么这种图像格式是比较好的选择。对于目前市面上大多数的数码相机来讲，存储照片都普遍使用了这种文件格式。

如图 1-13 和图 1-14 所示的两幅照片，一幅为 JPG 文件，一幅为 PSD 文件，我们从画面上几乎看不到它们之间的区别，但文件的大小却差别很大。

软 件 技 巧

（1）JPG 与 PSD 格式文件基本压缩比率为 1：40，即一幅 10M 的 PSD 格式文件，压缩为 JPG 文件以后，可能只有 250K，所以这种文件格式应用非常广泛。

（2）在使用这种文件格式的时候，很多读者经常会不知道如何选择 JPG 或者 JPEG 的格式，实际上两者没有本质上的区别。JPG 即使用 JPEG 文件交换格式存储的编码图像文件扩展名。联合图像专家组 JPEG（Joint Photographic Expert Group），是一种压缩标准。两种文件没有区别，文件扩展名严格地说应是 JPG。

图 1-13　JPG 格式文件

图 1-14　PSD 格式文件

另外，JPG 文件每一次的重新存储，都以"牺牲"质量作为代价。如我们打开一幅 JPG 图像并且要对其进行一些修改，那么所修改的是解译后的点阵图像，而不是 JPG 文件的本身。将图像另外再存储 JPG 格式文件，则原先已经解译的点阵图像（包含缺陷等）都将再度被压缩，结果图像的品质将变得更差。如果没有必要，千万不要重复存储同一张 JPG 文件。

还有，当我们在进行高品质图像的印刷输出时，JPG 格式还可支持 72 dpi 以外的像素解析度。在网络上，只要超过 72 dpi 的任何图像都是一种浪费，因为要打印到纸张上的时候，使用较高分辨率的图像也不会有很大的差别。所以当我们要把图像存储为 JPG 格式的时候，不要忘记再确认一下图像的分辨率。

TIFF 是一种非常广泛的位图图像格式，几乎被所有绘图、图像编辑应用程序所支持。TIFF 格式常用于应用程序之间和计算机平台之间交换文件，它支持带 Alpha 通道的 CMYK、RGB 和灰度文件，不带 Alpha 通道的 Lab、索引色和位图文件。在 Photoshop 7.0 以上版本中，也允许将文件保存为 TIFF 文件时带有图层，从而让这种文件格式成为与 PSD 格式最为接近的一种类型。

在将图像保存为 TIFF 格式时，通常可以选择保存为 IBM PC 兼容计算机可读的格式或者 Macintosh 计算机可读的格式，并且可以指定压缩算法，这对最终的文件显示效果没有太大的影响。

CompuServe 的 GIF 格式以两种方式来压缩图像文件。首先，它使用一种叫做 Lempel-Ziv 的编码方式，将同一个行列间颜色相近的像素当成是一个单位。其次，它限制文件本身的索引色（Indexed Color）。一个 GIF 文件不得超过 256 色，所以我们必须减少图像所使用的颜色后方能使用这种图像格式。因此，GIF 格式不适合用在相片或者高彩度的图像上。如图 1-15 所示，一幅照片将其转换为 GIF 文件格式以后，颜色的过渡会出现明显的缺陷。

图 1-15　JPG 格式与 GIF 格式图像的比较

1.2.3　Photoshop 中视图工具的使用

在 Photoshop 中，将一幅照片打开以后，接下来的问题是应用相关工具对图像进行处理。在这个过程中，对图像的观察操作将是对后期工作流畅的一个重要环节。接下来，我们来了解一下 Photoshop 中提供的一些视图工具。

Photoshop 中的视图工具主要集中在三个部分：菜单、工具箱和控制面板。在使用上，任何一种功能都能胜任图像的观察任务。当然，根据每个人工作习惯的不同，配合这些功能可以获得更加快捷的操作。

（1）菜单中的视图命令。首先，在 Photoshop 中打开一幅照片。执行"视图"菜单命令，在该菜单中有四个命令用于视图操作，它们分别是："放大（Ctrl + +）"、"缩小（Ctrl + -）"、"按屏幕大小缩放（Ctrl + 0）"和"实际像素（Alt + Ctrl + 0）"，如图 1-16 所示。

这四个命令可以完成图像的视图调整任务，在使用上通常不执行菜单命令，而通常采用快捷键。

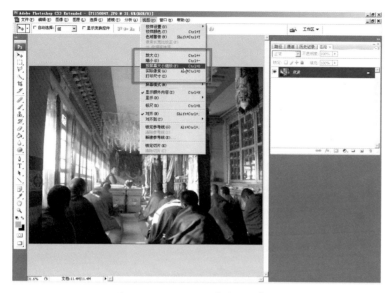

图 1-16　Photoshop 中的视图命令

（2）"缩放"工具和"抓手"工具。这两个工具在工具箱中，如图 1–17 所示。配合它们同样可以随心所欲地完成图像的视图调整工作，也是在后期工作中经常使用的一组工具。

图 1-17　Photoshop 中的视图工具

"缩放"工具 用于场景的放大和缩小。选择该工具以后，默认为"放大"模式，在场景中进行单击，则场景被放大；单击该工具选项栏上面的"缩小"按钮，则该工具变成"缩小"模式，如图 1–18 所示。

按住 Alt 键，可以在使用"缩放"工具过程中，实现"放大"和"缩小"模式的互换。

软 件 技 巧

"缩放"工具的快捷键为"Z"，"抓手"工具的快捷键为"H"。
使用"缩放"工具的时候，通过"Alt"键切换"放大"或者"缩小"。
使用任何工具的过程中，按住空格键，可以将当前工具切换为"抓手"工具。

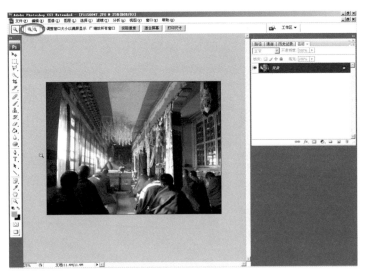

图 1-18　设置"缩放"工具为"缩小"模式

"抓手"工具 用于场景的平移浏览操作，选择该工具以后，在场景中按住鼠标拖动，场景则发生移动。

在使用任何工具的过程中，按住空格键，都可以临时将工具转换为"抓手"工具。

（3）"导航器"控制面板。除了上面介绍的两部分视图工具以外，右侧控制面板中还提供了一个视图"导航器"，如图 1-19 所示。如果它没有显示在软件界面中，大家可以执行菜单中的"窗口"|"导航器"命令，将其打开即可。

图 1-19　"导航器"运行界面

"导航器"的主要作用与上面介绍的"缩放"工具和"抓手"工具基本相同。在"导航器"下方有一个滑块，用鼠标拖动滑块，可以实现图像的缩放效果，如图 1-20 所示。

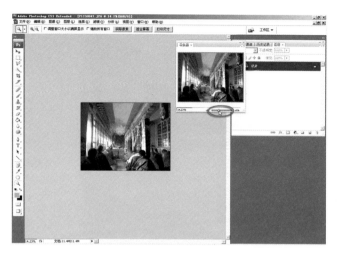

图 1-20　使用"导航器"进行图像缩放

如果将鼠标指针移动到"预览"窗口中的矩形框内并拖动鼠标，则此时会实现场景的平移操作，类似于上面介绍的"抓手"工具，如图 1-21 所示。

图 1-21　使用"导航器"进行场景平移观察

1.2.4　Photoshop 在数码暗房中的应用

Photoshop 这个软件应用范围极为广泛，适用于各个行业，其中也包括数码摄影的后期处理和制作。随着 Photoshop 软件的版本升级，对这方面技术的支持也在不断提高。具体来讲，使用 Photoshop 进行数码影像的后期处理，主要包括以下几个方面内容。

（1）修改和裁切照片尺寸，校正倾斜与畸变。使用 Photoshop 可以快速地对照片进行查看、分类、甄别，修改照片尺寸，并对有问题的照片进行处理，例如，构图不严格或者透视不准确，如图 1-22 所示。这是 Photoshop 的基本功能，通过这些简单地操作就可以让照片恢复本来面目，从而保证后期输出的质量。

软件技巧

我们可以直接在"导航器"左下角输入图像缩放百分比，从而能精确确定图像大小。

作者心得

这部分内容将在本书后面的第 2 章中为读者详细介绍。

图 1-22　对建筑畸变进行校正

（2）更替视觉元素与合成。Photoshop 中提供了大量的选择工具，可以让我们对照片中面临的各种选取任务进行操作。在准确地选择出对象以后，我们可以对照片中的主体对象更换背景，或者进行巧妙的合成操作，如图 1-23 和图 1-24 所示。

作 者 心 得

读者可以在本书第 3 章中学习这部分内容。

图 1-23　更换人物背景

图 1-24　为婚纱照去背景

（3）色调修正。一幅照片的色彩就是它的生命，虽然我们在拍摄过程中可能由于各种原因，无法真实地把握照片本身的色调，但是可以在后期使用 Photoshop 调整照片的色彩效果，如图 1-25 和图 1-26 所示。在 Photoshop 中，我们可以使用众多的色调调整工具，对照片明暗关系和色调进行调整。

软 件 信 息

第 4 章中将详细介绍有关 Photoshop 进行照片色彩调整的知识。

图 1-25　调整图像色调　　　　　　　　图 1-26　调整图像影调

（4）缺陷弥补。得到一幅完美的照片是我们追求的最终目标，但是缺陷和瑕疵总是存在于现实生活中。这就需要运用 Photoshop 中各种为数码影像服务的工具，获得理想的效果，如图 1-27 和图 1-28 所示。

作 者 心 得

这部分内容对应于本书后面的第 5 章。

图 1-27　修复人像照片的缺陷

图 1-28 睁开闭上的双眼

（5）艺术特效。摄影大师的艺术特效作品在传统暗房中往往需要很多努力操作才能获得，但在 Photoshop 中单击鼠标即可，如图 1-29 和图 1-30 所示。

图 1-29 制作照片柔焦效果

图 1-30 模拟体积光

除了上面介绍的各个部分内容以外，我们还可以借助于添加的很多照片处理插件，从而获得更丰富的效果，这些内容都将在后面章节中为读者逐一介绍。

第 2 章

新手上路——照片的管理和甄别

上一章中为读者介绍了使用 Photoshop 进行数码照片处理应该了解的一些基本内容，这些内容有助于我们熟悉和了解数码暗房的作用和功能。从本章开始，我们将详细介绍如何应用这个强大的软件为我们喜爱的照片增添魅力。

在使用 Photoshop 进行数码照片的输入以前，首先面临的问题就是如何将照片从硬盘输入到 Photoshop 中，以及如何对照片进行简单的修改，如裁切、调整图像大小等问题，这些是对一张照片进行修改的基础，同时也是对照片进行管理和甄别的第一步。

2.1 使用 Adobe Bridge 整理照片

在使用 Photoshop 进行图像处理以前，首先需要将要进行修改的照片快速而准确地导入到软件中。在 Photoshop 中，我们可以使用其本身自带的文件浏览器——Adobe Bridge 进行图片浏览、导入以及批处理。本节的主要内容就是介绍有关 Adobe Bridge 的基本使用方法。

Adobe Bridge 的主要作用就是将硬盘中面临修改的照片通过浏览确定，并最终导入到 Photoshop 中。

（1）启动 Adobe Bridge。首先启动 Photoshop，然后执行菜单中的"文件"|"浏览"命令，将打开 Adobe Bridge 的工作窗口，界面如图 2-1 所示。在当前界面中，我们可以从右侧预览视图中进行查看，以便于选择所需要的图片。找到图片以后，双击鼠标，就可以将其导入到 Photoshop 软件中。

当然，除了直接将单幅图像进行导入以外，也可以在 Adobe Bridge 中进行多个文件的批处理操作，主要包括对照片进行批处理的旋转和重新命名。下面介绍具体的操作方法。

软 件 技 巧

（1）Photoshop 可以通过网络对 Adobe Bridge 进行在线升级，目前 Adobe Bridge 的最高版本为 3.01，每个版本的界面略有不同，但是主要功能相同，希望读者注意。

（2）Adobe Bridge 不但可以在 Photoshop 中运行，也可以独立使用，所以可以将这个软件作为一款独立的图像浏览工具。

作者心得

（1）当浏览一个新的文件夹时，Adobe Bridge 会对文件夹中的图像建立索引，此时软件运行会比较慢。

（2）分级与标志作用相似，两者没有太大的差别，因此在进行照片标注的时候，使用其中一种方式即可。

图 2-1　Adobe Bridge 的软件运行界面

（2）对照片进行标记和分级。要想将多幅照片进行批处理的操作，首先需要将要进行处理的图片进行分级或者标记，如图 2-2 所示，在 Adobe Bridge 的上方菜单中，提供了用于进行图片分级和标记的命令，可以使用它们非常方便地完成任务。选择一幅照片，然后执行分级或者标记命令，之后该图像的下方将出现分级显示或者标记的颜色，表示完成对该图像的操作。

图 2-2　对照片进行分级或标记

完成以后，可以通过选择右上角菜单中的命令，对操作图片以及未操作图片进行分类显示，如图 2-3 所示，通过这种方法，可以更有效地区分需要处理的图片。

图 2-3　显示标记照片

　　显示出所有进行分级或者标记的图片以后，可以将它们进行全面选择，然后单击鼠标右键，在弹出的窗口中提供了用于进行批处理的一些命令，如重命名、旋转等，如图 2-4 所示。

图 2-4　对照片进行批处理操作

　　（3）显示标记照片与批重命名。对图像进行批量旋转比较简单，下面说明一下如何进行图片的批量重命名。
　　首先对要进行批处理的照片进行标记，然后将其单独显示出来，如图2-5 所示。

软件技巧

在 Adobe Bridge 操作窗口右下角，有用于选择预览窗口大小的按钮，使用它们可以改变窗口中照片的预览尺寸，从而提高显示速度。预览图像越小，显示速度就越快。

作者心得

旋转 90° 操作也可以直接单击软件界面右上角按钮来完成。

在 Photoshop 使用过程中调用 Adobe Bridge，是为了更方便地查看和载入照片；实际上 Adobe Bridge 也可以脱离 Photoshop 单独运行，作为一款在电脑中常驻的图像浏览工具，并且在联网的状态下，可以在线随时更新软件版本。

图 2-5　单独显示标记图片

按"Ctrl + A"键，将它们全部选择之后单击鼠标右键，在弹出的菜单中选择"批重命名"命令，如图 2-6 所示。

图 2-6　对照片进行批重命名

在弹出的"批重命名"窗口中，我们通过改变下方"文件命名"部分内容为图片重新命名，如图 2-7 所示。

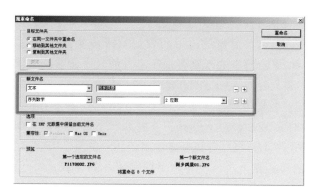

图 2-7 重设图像名称

确定后回到场景中，此时就会发现当前标记的所有图片的名称都已经设置完成，如图 2-8 所示。

图 2-8 修改图片名称后的照片

2.2 EXIF 信息的查看、修改和删除

EXIF 是英文 Exchangeable Image File（可交换图像文件）的缩写，最初由日本电子工业发展协会（JEIDA，Japan Electronic Industry Development Association）制订，目前的最新版本是发表于 2002 年 4 月的 2.2 版。其实 EXIF 就是一种图像文件格式，EXIF 信息是由数码相机在拍摄过程中采集的一系列信息，然后把信息放置在我们熟知的 JPG 文件中，也就是说 EXIF 信息是镶嵌在 JPEG 图像文件格式内的一组拍摄参数，主要包括摄影时的光圈、快门、ISO、日期时间、相机品牌型号、色彩编码等各种与当时摄影条件相关的信息，甚至还包括拍摄时录制的声音以及全球定位系统（GPS）等信息。简单地说，它相当于傻瓜相机的日期打印功能，只不过 EXIF 信息所记录的资讯更为详尽些。

作 者 心 得

（1）Adobe Bridge 直接对照片原始文件进行修改，所以如果对照片批量修改没有把握，或者想保持原始文件名称，建议读者在备份的基础上进行上述处理。

（2）如果在网上看到一些优秀的摄影作品，我们不妨查看一下它们的 EXIF 信息，从而了解拍摄这幅照片时所使用的一些参数，如光圈、快门、ISO 感光度等。这些参数可以帮助读者更快地掌握一些常用的摄影参数。

1. 查看 EXIF 信息

在知道什么是 EXIF 信息后，下面我们就来看看如何查看数码相片里的 EXIF 信息。查看 EXIF 信息的方法有很多，目前几乎所有的图像浏览软件都可以进行查看。如果只针对于 Photoshop 来讲，查看的方法无外乎有两种。

第一种方法：我们可以使用前面为读者介绍的 Adobe Bridge 来进行查看。打开 Adobe Bridge 以后，进入到其工作界面右下角，将浏览图片方式设置为"详细列表"模式，此时照片右侧将显示出该照片的基本 EXIF 信息；选择这幅照片以后，在窗口的左下角，将显示出这幅照片的详细 EXIF 信息，如图 2-9 所示。

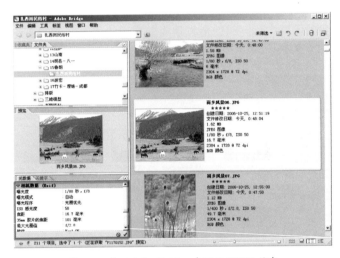

图 2-9　在 Adobe Bridge 中显示 EXIF 信息

第二种方法：我们可以进入到 Photoshop 中查看照片的 EXIF 信息。在 Photoshop 中打开一幅图片，然后将鼠标放在图片标题栏上单击鼠标右键，在弹出的菜单中执行"文件简介"命令，如图 2-10 所示。

图 2-10　执行"文件简介"命令

单击确定后，在当前窗口左侧选择"相机数据"一项，可以显示当前照片的基本 EXIF 信息，如图 2-11 所示。

选择"高级"一项中的"EXIF 属性"，将显示当前图片更详细的 EXIF 信息，如图 2-12 所示。

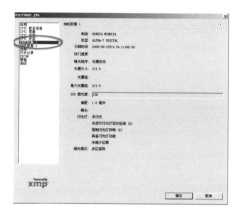 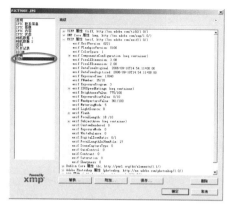

图 2-11 在"相机数据"中显示 EXIF 信息　　　图 2-12 在"高级"中显示 EXIF 信息

2. 修改和删除 EXIF 信息

数码相片中的 EXIF 信息是可以修改的，目前可以修改 EXIF 信息的软件也比较多，但是在这一点上 Photoshop 就显得无能为力了。如果我们想修改 EXIF 信息，在此为读者推荐一款小巧实用的软件——EXIF Editor。它的操作非常简单，导入数码相片后，直接修改各项参数即可，如图 2-13 所示。它还可以把 EXIF 信息单独提取并保存为与相片文件同名的 *.EXIF 文件（也支持导入）。

图 2-13 在 EXIF Editor 中显示 EXIF 信息

如果想彻底删除一幅照片的 EXIF 信息，则可以轻松地在 Photoshop 中完成。对打算保存并且想删除掉 EXIF 信息的照片选择菜单中的"文件"|"存储为 Web 和设备所用格式"命令，在弹出的窗口中，我们可以在右侧分别设置当前图片格式和压缩比率（无需改变文件格式），然后单击确定进行存储，如图 2-14 所示。再次打开这幅照片，EXIF 信息将不再显示。

软 件 信 息

目前 Exif Editor 的最高版本为 3.0 Build 3002，读者可以到其官方网站（http://www.jetsoft.com.tw/）获得软件的详细信息。

软 件 技 巧

为了尽可能地保证照片质量，在保存为 Web 专用格式的时候，需要将文件格式设置为原来照片的文件类型，一般都是 JPEG 格式，文件的压缩质量应该在 80% 以上，这样会减少不必要的压缩损失。

图 2-14　保存为 Web 格式并去除 EXIF 信息

2.3　修改照片的尺寸

对数码照片来讲，常见的输出方式有打印机输出、网页图像输出、制作桌面壁纸和电子相册等几种方式。它们对于图片尺寸和精度的要求不尽相同，但是都可以使用 Photoshop 中的"图像大小"命令进行调整。

首先在 Photoshop 中打开一幅图像，然后执行菜单中的"图像"|"图像大小"命令，如图 2-15 所示。

图 2-15　执行"图像大小"命令

接下来将弹出 Photoshop 中用于设置图像尺寸的工作窗口，如图 2-16 所示。在当前"图像大小"窗口的下方对文档提供了三个调整选项：宽度、高度和分辨率。

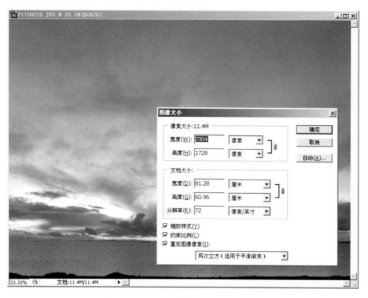

图 2-16　设置图像尺寸的工作窗口

1. 调整图像尺寸

　　如果打算将照片应用到网页输出或者制作桌面壁纸和电子相册中，就需要将照片进行缩小。因为目前市场上的数码相机都可以拍摄 500 万像素左右的照片，而这么高分辨率的照片应用到上述场合就太高了。

　　在"图像大小"窗口中，可以对当前照片进行图像尺寸的缩放操作。如我们打算将照片用来做桌面壁纸，可以直接将照片尺寸修改为 1024×768，注意到窗口下方有一项"约束比例"选项，在此选项被勾选的情况下，只调整一个方向的尺寸，就可以实现照片的等比例缩放，如图 2-17 所示。

图 2-17　修改图像尺寸

摄 影 知 识

分辨率是表示平面图像精细程度的概念，通常是以数字图片中横向和纵向点的数量来衡量，表示成水平点数乘以垂直点数的形式。在一个固定的平面内，分辨率越高，意味着可使用的点数就越多，图像就越细致。分辨率有多种：在显示器上有表示显示精度的显示分辨率，在打印机上有表示打印精度的打印分辨率，在扫描仪上有表示扫描精度的扫描分辨率。显示分辨率是显示器在显示图像时的分辨率，分辨率是用点来衡量的，显示器上这个"点"就是像素（Pixel）点。

打印分辨率直接关系到打印机输出图像或者文字的质量好坏，用 dpi（dot per inch）来表示，即指每英寸可以打印多少个点。决定扫描仪性能的主要因素有三个，即扫描分辨率、最大打印页面、颜色位数。通常扫描仪的光学分辨率 在 300×600 dpi 到 1000×2000 dpi 之间。

2. 调整打印尺寸

精度的调整是由分辨率来担当的，提高精度的同时，也加大了文件的容量。例如，当原照片的分辨率为 300 dpi 时，文件的容量仅为 6 MB 左右，但当照片的分辨率提高到 600 dpi 时，文件容量扩大到 18 MB 左右。当然，高分辨率对打印输出还是很有好处的。对打印输出来讲，最重要的是确定尺寸，也就"文档大小"下的"宽度"和"高度"。

假如我们要打印一幅 6 英寸的照片，可将窗口中"文档大小"下的"宽度"设置为 6，将单位设置为英寸，并选中左下角的"约束比例"，这样 Photoshop 将自动完成图片尺寸的转换，如图 2-18 所示。

图 2-18　将图像调整为打印尺寸

2.4　校正倾斜的照片

在很多情况下，拍摄出来的照片并不一定全部都需要，需要裁切掉一部分才合适。这一节我们来介绍一下 Photoshop 中"裁切"工具的使用。"裁切"工具不但可以裁切图像，还可以对倾斜的图片进行补救，从而得到视角端正的照片。

（1）打开照片。在 Photoshop 中打开本书配套光盘中的"第 2 章 /2-19. jpg"文件，如图 2-19 所示。这是一幅建筑的图片，从图中可以看到建筑物明显地出现了倾斜，所以下面考虑使用"裁切"工具来调整。

图 2-19　打开照片

（2）裁切照片。进入到工具箱中，选择"裁切"工具 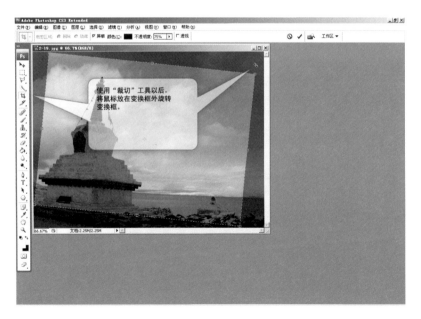，然后在场景中圈出一个矩形框，将鼠标放在变换框的外侧，此时通过拖动鼠标，就可以完成对变换框的旋转，如图 2-20 所示。

图 2-20　裁切照片

按"Enter"键，确定"裁切"的变换结果，此时将得到一幅正常视角的照片，如图 2-21 所示。

软件技巧

（1）"裁切"工具的快捷键为"C"。
（2）使用"裁切"工具在场景拖动的过程中，按住"Shift"键，可以将裁切的范围限定为正方形。

图 2-21　裁切照片完成后的效果

2.5　裁切到打印尺寸

上节我们介绍了如何使用"裁切"工具对照片存在的问题进行修正，实际上，除了这种在构图上弥补缺陷，去除掉多余元素的作用以外，也可以在裁剪的过程中直接获得最终打印或者冲印的尺寸，从而避免了裁切以后再调整尺寸的步骤，一步到位的过程显得更加的便捷。

（1）打开照片。在 Photoshop 中打开本书配套光盘中的"第 2 章 /2-22. jpg"文件，如图 2-22 所示。这幅风景照片存在与上一节中图片同样的问题，所以我们需要使用"裁切"工具对其进行裁剪。

图 2-22　打开照片

（2）设置裁切尺寸。我们想让裁剪以后的照片尺寸满足 6 英寸大小，选择工具箱中的"裁切"工具 ，在上方工具选项栏中设置冲印的宽度、高度和分辨率数值，如图 2-23 所示。

图 2-23　设置裁剪尺寸

（3）裁切照片。在场景中对照片进行裁切，通过旋转控制框使照片角度接近正常视角，如图 2-24 所示。

图 2-24　对照片进行裁切

确定当前裁剪，最终完成实例的调整效果如图 2-25 所示。

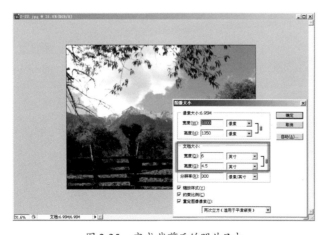

图 2-25　完成裁剪后的照片尺寸

2.6 修正建筑畸变

摄 影 知 识

在使用相机广角端拍
摄风景的时候，都不
可避免产生广角畸变
的现象，也就是文中
看到的实例效果，建
筑物都向后倾斜。要
想在拍摄时改变这种
现象的发生，一方面
需要在拍摄的时候注
意位置的选择，另外
可以更换高级的广角
镜头或者使用定焦镜
头进行拍摄。在很多
情况下，摄影师往往
刻意追求这种畸变带
来的夸张效果，如使
用鱼眼镜头对一些肖
像进行拍摄。

在拍摄建筑物时，一般需要用中长焦镜头在远处拍摄才能保证建筑物不变形，但事实上这样理想的拍摄地点是很难找到的，用广角拍摄虽然能将建筑物都纳入画面，但是由于短焦距镜头的透视形变，通常建筑物会发生一定的变形。

（1）打开照片。打开本书配套光盘中"第 2 章 /2-26.jpg"文件，如图 2-26 所示。

图 2-26　打开照片

很明显可以看出图 2-26 中的建筑物都向画面后方倾斜，这对表现建筑物的雄伟挺拔有一定的负面影响，传统解决广角透视形变的方法是使用可移轴的光学镜头去矫正，但移轴镜头和相机实在价格不菲，而且也需要很扎实的摄影技术才能熟练地操作，一般摄影爱好者是很难达到的。用 Photoshop 矫正建筑物变形却非常简单，矫正效果可在屏幕上任意调整直到满意为止。

软 件 技 巧

默认背景图层不能进
行大多数的图层操作，
如自由变换、添加图
层样式、移动图层等，
但是可以对图层进行
擦除、填充、绘制等
像素操作。

（2）转换图层。首先进入到图层控制面板中，双击"背景"图层，在弹出的窗口中单击确定按钮，这样将背景图层转换为一般图层，便于后期对该图层进行自由变换，如图 2-27 所示。

图 2-27　将"背景"图层转换为一般图层

（3）变换图像。按"Ctrl + T"键可以对当前图层进行自由变换，然后将鼠标放在变换框内单击鼠标右键，在弹出的菜单中选择"扭曲"命令，如图2-28所示。

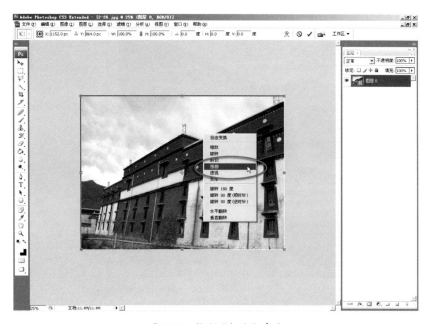

图 2-28 执行"扭曲"命令

软件技巧

（1）执行菜单中的"编辑"|"变换"|"扭曲"命令，与文中自由变换中的扭曲作用是完全相同的。

（2）自由变换与"裁切"工具的使用比较相似，如回车键或者鼠标双击代表确定变换，Esc键代表取消操作。

分别拖动当前控制框上方的两个角点，在调整的过程中观察建筑物的透视角度，直到视角符合正常透视关系为止，如图2-29所示。

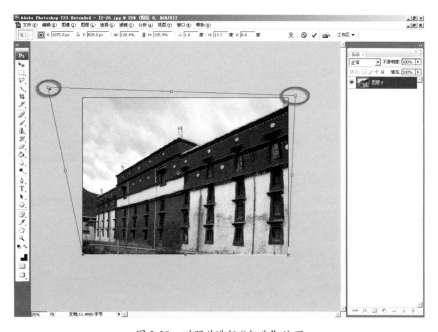

图 2-29 对照片进行"扭曲"处理

　　按 "Enter" 键确定当前变换效果，这样透视变形的建筑基本上就恢复正常了，最终效果如图 2-30
所示。

图 2-30　完成处理后的照片效果

第 3 章

移花接木——转换构图元素

如果想对一幅照片的某些部分进行修改，自然就需要将这些部分选择出来。实际上，使用 Photoshop 处理照片的时候，无论制作哪种特效，只有选择出要处理的对象，才能进行下一步的编辑修饰工作，目的就是确定所编辑图像的范围。可以说，选择是一个贯穿整个 Photoshop 软件的前提思想。选择是否准确，也直接影响最终的照片效果。

3.1　制作一个简单的照片边框

规则类选择工具可以用于矩形、椭圆形、单行、单列的对象选择，如图 3-1 所示。在使用这些工具的时候，我们可以通过 Shift 键，绘制出正方形或者圆形选区。下面，就来介绍如何使用规则类选择工具制作一个简单的照片边框。

（1）打开照片。首先，在 Photoshop 中打开本书配套光盘中的"第 3 章 / 3-2.jpg"文件，如图 3-2 所示。

图 3-1　规则类选择工具

图 3-2　打开照片

（2）创建选区。进入到工具箱中，选择使用"矩形选框"工具，在场景中圈出一个矩形，这时出现一条闪烁的选择线，这就是 Photoshop 中的选区；进入到图层控制面板中，单击下方"新建图层"按钮，创建一个新的空白图层，用于承载对当前选区的填充，如图 3-3 所示。

（1）新建空白图层的快捷键是"Shift + Ctrl + N"键。默认情况下，创建出来的新图层皆为透明图层。

（2）"油漆桶"的快捷键是 G 键。

（3）默认状态下，Photoshop 的前景色是黑色，背景色是白色，我们可以按键盘的"D"键盘将工具箱中的前（背）景色设置为默认状态，通过按键盘的"X"键对两者进行互换。

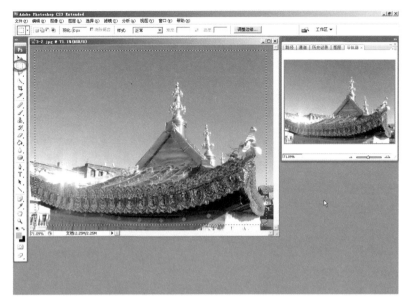

图 3-3 使用"矩形选框"工具获得选区

（3）填充选区。执行菜单中的"选择"|"反选"命令，或者按"Ctrl + Shift + I"键，在前景色为黑色的基础上，使用"油漆桶"工具 ，在选区中进行单击，将其填充为黑色，或者按"Alt+Delete"键，得到的效果如图 3-4 所示。

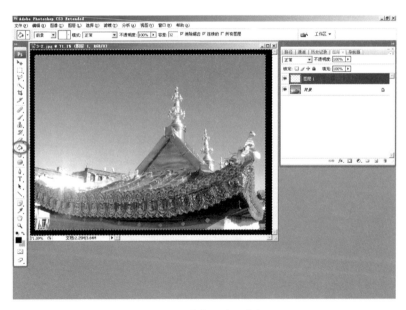

图 3-4 对选区进行填充

（4）描边选区。再次执行菜单中的"选择"|"反选"命令，然后选择菜单中的"编辑"|"描边"命令，在弹出的窗口中设置参数如图 3-5 所示。此时要求描边颜色为白色，宽度为 5 个像素，其他参数不变。

图 3-5 对选区描边

确定后回到场景中，选择菜单中的"选择"|"取消选择"命令，得到最后的场景效果如图 3-6 所示。

图 3-6 场景的最终效果

3.2 使用快速蒙版创作复杂艺术边框

上一节中我们使用矩形选框工具为大家制作了一款简单的照片边框。本节中，我们再来介绍制作一款稍复杂的艺术边框，除了应用前面介绍的矩形选框工具外，还将介绍快速蒙版、滤镜等方面的知识。相信通过这个实例的学习，大家也都可以为心爱的照片加上满意的边框效果。

（1）打开照片。首先，打开本书配套光盘中的"第 3 章 /3-7.jpg"文件，如图 3-7 所示。

Photoshop 的选取工具很多，如"矩形"、"圆形"、"多边形套索"工具（适用于大范围的选取，但不能精雕细琢）；"魔棒"工具（适用于色彩对比较强的选取，但较毛糙）；路径勾勒工具（适用于复杂边缘的选取，但圆角转换不大细致）；快速蒙版（精确选取，但工作量较大），以及"抽出"工具（用于复杂对象的选取）。它们都是各有优点，各有缺陷。快速蒙版的工作原理在于：为图像创建一个临时蒙版，然后通过添加黑色或白色遮罩，增加或减少选区范围来完成图像的精确选取。

图 3-7　打开照片

（2）创建选区。在工具箱中选择"矩形选框"工具，在场景中创建一个比原图小的矩形选区，如图 3-8 所示。

图 3-8　使用"矩形选框"工具获得选区

选择菜单中的"选择"|"反向"命令，将当前选区进行反向选择，如图 3-9 所示。

图 3-9　反向选择选区

（3）编辑选区。在工具箱中单击下方的"以快速蒙版模式编辑"按钮，将当前场景转换为快速蒙版模式，同时我们注意到，场景中的非选区自动变换为红色的遮罩效果，如图3-10所示。快速蒙版也是 Photoshop 的选择工具之一，我们可以在当前快速蒙版模式下，使用画笔对场景进行颜色的填充，并且一旦将场景转换为标准模式以后，被填充颜色的区域将自动形成选区。

> **软件技巧**
>
> "标准模式"和"快速蒙版模式"之间的切换，可以通过按"Q"键来完成。

图 3-10 为场景添加快速蒙版

在当前快速蒙版模式下，选择菜单中的"滤镜"|"像素化"|"彩色半调"命令，在弹出的菜单中设置参数如图3-11所示。

图 3-11 运行"色彩半调"滤镜

选择菜单中的"滤镜"|"像素化"|"碎片"命令，完成后得到场景效果如图3-12所示。

图 3-12　执行"碎片"滤镜后的场景效果

再次选择菜单中的"滤镜"|"锐化"|"锐化"命令，这个命令可能需要执行 4～5 次才能获得如图 3-13 所示的场景效果。

图 3-13　执行"锐化"滤镜后的场景效果

进入到工具箱中，单击下方的"以标准模式编辑"按钮，将当前场景转换回标准模式状态，此时场景中的遮罩就变成了选区，如图 3-14 所示。

图 3-14　将场景转换回标准模式状态

（4）描边。按"Delete"键，对选区中的场景对象进行删除，然后选择菜单中的"编辑"|"描边"命令，在弹出的窗口中设置的参数如图3-15所示。

图3-15　对选区进行"描边"

单击"确定"按钮后回到场景中，按"Ctrl + D"键取消场景中的选区，本节实例最终完成了，最后效果如图3-16所示。

图3-16　实例的最终效果

3.3　缤纷照片背景巧更替

规则类选框工具只能在场景中选择规则的形状区域，对于照片的后期处理来讲，显得作用不大。我们在处理照片的过程中，遇到最多的是不规则形状的选择，这种情况需要借助于不规则形体选择工具。

在 Photoshop 中，通常使用"套索"类工具进行不规则形状边缘的选择任务，如图3-17所示。"套索"类工具组中共有"套索"工具、"多边形套索"工具和"磁性套索"工具。其中"多边形套索"工具使用的频率最高。下面，我们通过实例来介绍一下这个工具的基本使用方法。

软件技巧

套索类工具使用统一的快捷方式，用"L"键激活。对于三个套索类工具来讲，"套索"工具和"磁性套索"工具在确定准确选区方面功能略有不足，通常都使用"多边形套索"工具并配合临时切换"抓手"工具，对复杂选区进行选取。

摄 影 知 识

人像拍摄中最重要的元素之一就是背景，好的背景不会干扰主体，而过于纷乱的背景却对欣赏被摄体形成很严重的干扰。处理背景的方法有多种，在拍摄前最好从取景器中观看，如果是背景不好，条件许可的情况，可以转换一个地方或者角度，避开不好的背景。如果条件不允许，那么最好开大镜头的光圈，使景深减小，背景由于在焦外，全部虚化。最后，如果条件许可还可以用人工背景，或者像本节一样后期使用 Photoshop 替换原始背景。

（1）打开照片。首先，打开本书配套光盘中的"第 3 章 /3-18.jpg"文件，如图 3-18 所示。我们打算为这幅照片更换一个背景，那么首先需要面对的任务就是将照片中的主体对象选择出来。考虑到要选择对象的边缘过于复杂，所以使用"多边形套索"工具来完成。

图 3-17　套索类工具

图 3-18　打开照片

使用视图工具将图片放大，如图 3-19 所示。

图 3-19　将图片放大

（2）创建选区。在工具箱中选择使用"多边形套索"工具，然后在对象边缘上单击鼠标左键，之后沿着对象边缘在每一个转折点上都进行鼠标的单击，这样可以由"多边形套索"工具在对象上形成一个外部的封套，如图 3-20 所示。在选择过程中，我们可以按住键盘上的空格键，用鼠标拖动场景图像以方便选择。

软 件 技 巧

如果使用"套索工具"拖动选区时，需要放大和缩小视图，因为现在不能使用"缩放工具"，这时我们可以使用"Ctrl ＋"来放大视图，使用"Ctrl －"来缩小视图。

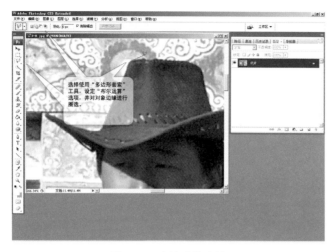

图 3-20 选择对象边缘

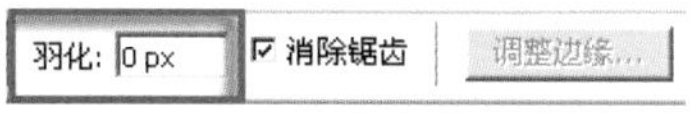

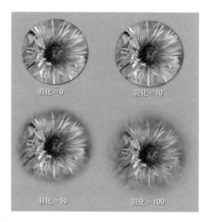

图 3-21 羽化设置

图 3-22 不同羽化数值对选择边缘的影响

在进行选择的过程中，我们还可以配合工具选项栏上的“布尔运算”按钮，通过对选区的运算，实现准确的选择区域。将整个对象环绕一周以后，就可以完成对形体的选择任务，如图 3-23 所示。

图 3-23 将人像选择完成后的效果

软件技巧

在使用 Photoshop 中的套索工具选择时，有时会有几点自动点超出要选择的范围，可以按“Backspace”键即“退格键”后撤控制点。

作者心得

使用“多边形套索”工具选择的过程中，可以让套索适当靠近对象内侧进行圈选，抛弃对象边缘外侧 1～2 个像素，这样完成选择以后的对象边缘不会带有“毛边”。

软件技巧

在“多边形套索”工具的使用过程中，我们注意到其工具选项栏上有一项“羽化”的参数设置，这是一项重要的内容，如图 3-21 所示。

这项参数需要在进行选择以前就设置好，“羽化”主要用于控制选择边缘的柔化程度，如图 3-22 就是在几种不同“羽化”数值作用下，选择出来的对象的效果。从图中可以看出，“羽化”的数值越大，边缘越模糊。所以在进行对象选择过程中，要根据选择对象和应用性质的不同来细致设置“羽化”这个参数。

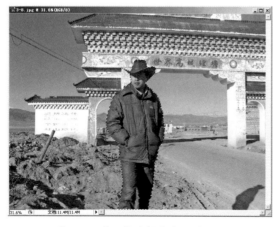

软 件 技 巧

（1）前面介绍了
Photoshop 中常见的几
个选择工具，大家会
注意到，在这些选择
工具的工具选项栏上
方，都有四个按钮，
它们是选择过程中使
用的"布尔运算"按
钮，如图 3-24 所示。
使用这几个按钮，可
以完成选区的运算，
从而获得更加复杂
的选择区域。如图
3-25 ～ 图 3-27 所示，
就是对矩形和圆形两
种选择区域执行"布
尔运算"后得到的各
种选区效果。

（2）"移动"工具的快
捷键为"V"键。

图 3-24 "布尔运算"按钮

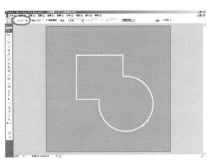

图 3-25 选区相加

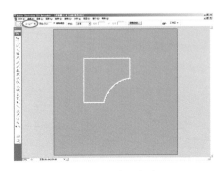

图 3-26 选区相减

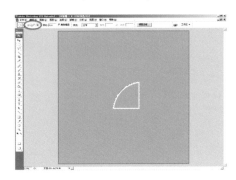

图 3-27 选区相交

（3）替换背景。在 Photoshop 中打开一幅风景照片（第 3 章 /3-28.jpg），
如图 3-28 所示。

进入到工具箱中，选择使用"移动"工具，然后将选区中的图像拖动到
图 3-28 中。如果图像大小比例不合适，可选择菜单中的"编辑"|"自由变换"
命令，或者按"Ctrl + T"键，适当地调整图像的位置和大小。这时就完成了
对人像背景的更替，最后完成的照片效果如图 3-29 所示。

作 者 心 得

选择背景的时候，尽
量挑选光线以及阴影
方向一致的图像。这
样在合成图片以后，
才能让照片看起来更
自然。

图 3-28 打开背景照片

图 3-29 合成背景后的实例效果

3.4 快速获得风起云涌的天空景象

在进行风景照片拍摄的时候，并不是每一幅照片都能够准确地捕捉到丰富而有层次的云彩，这对于天空映衬下的景物无疑是一个缺憾。下面我们介绍如何对风景照片的天空进行替换。

（1）打开照片。首先，在 Photoshop 中打开本书配套光盘中的"第 3 章 / 3-30.jpg"文件，如图 3-30 所示。观察照片，虽然拍摄的景象很美，但是没有云彩的衬托，仍然显得有些单调。

图 3-30　打开照片

如果要替换掉当前的天空图像，则首先需要将其选择出来。这里可以使用上面介绍的"多边形套索"工具，但是本节我们将来学习一个新的工具——"魔棒"工具，它要比前者具有更高的效率。"魔棒"工具并不是适用于任何场合，它一般用于选择区域与非选择区域具有较大的色彩差异，并且选择区域往往是在一种单色调的情况下，此时使用"魔棒"工具可以快速而准确地完成选择任务。

（2）选择背景。进入到工具箱中选择使用"魔棒"工具 ，完成以后在场景的蓝天部分单击鼠标的左键，如图 3-31 所示。

图 3-31　使用"魔棒"工具选择天空背景

软件技巧

"魔棒"工具的快捷键是"W"键。

此时我们会发现只有部分天空被选中，这是因为选项栏中设置的容差数值较小的原因。要想扩大选择的范围，此时可以有两个选择。其一，我们可以通过单击"布尔运算"中的"添加到选区"按钮，然后使用"魔棒"工具对为选择区域进行单击加选；其二，可以通过扩大容差的数值，从而增加"魔棒"工具的选择范围。在此，我们使用后者进行操作。进入到上方工具选项栏中，增加容差的数值，然后再次进入到场景中进行单击，此时选择区域的范围就扩大了，如图 3-32 所示。

图 3-32　加大容差数值后选择场景

使用上述方法，可以将场景中所有天空区域选择出来，如图 3-33 所示。

图 3-33　将天空部分完全选择后的场景

（3）转换图层。进入到图层控制面板中，双击"背景"图层，将其转换为一般图层，这样才能对其进行与普通图层一样的修改。下面考虑使用其他天空的图像对这部分区域进行替换。首先按"Delete"键，将选择出来的天空去除掉，如图3-34所示。

图 3-34　删除选区对象

（4）替换背景。打开本书配套光盘中的"第3章/3-35.jpg"文件，如图3-35所示。这也是一幅天空的图像，由于有云彩的衬托，所以显得更有层次感。

图 3-35　打开天空图像

软件技巧

对背景图层来讲，删除选区将呈现出背景颜色，但只有将背景图层转换为一般图层以后，删除选区才能呈现出透明感。

在工具箱中选择使用"移动"工具 ![移动工具]，然后将图3-35移动到删除天空背景的场景中，进入到图层控制面板，将天空图像所在的图层拖动到场景图层的下方，如图3-36所示。

图 3-36　图层调换

回到场景中，选择天空图层并按"Ctrl + T"键进行自由变换，适当调整其大小和位置，如图 3-37 所示。

最后，可以适当调整两幅图像的色调差异，这样一幅被替换天空的场景就焕然一新地出现在了我们的视野中，最终效果如图 3-38 所示。

软件技巧

在图层控制面板中调整图层位置，可以直接使用鼠标单击相应图层，并按住鼠标左键不放，拖动到任意位置。

图 3-37　修改对象的大小和位置

图 3-38　完成处理后的场景效果

3.5 "抽出"抠图——解决毛发的选择问题

在使用 Photoshop 进行照片合成的过程中，经常要面对很多复杂对象的选择情况，如人像的头发、动物的毛发和繁琐的树叶等。此时，使用前面所介绍的一些选择工具，很难完成任务。Photoshop 除了基本地选择工具以外，还提供了很多用于复杂对象选择的功能，如"抽出"、"通道"、"快速蒙版"等功能，我们将在后面章节中为大家进行详细地介绍。对于"抽出"来讲，它是一个智能化很高的工具，它允许我们定义取舍的范围，之后由软件自动计算来得到选区。本节中，我们使用一个为人像更替背景的实例介绍这个工具的使用方法。

（1）打开照片。首先，打开本书配套光盘中的"第3章/3-39.jpg"文件，如图3-39所示。

（2）使用"抽出"滤镜。我们前期应该先完成对人像主体部分的选择，观察当前图像，主体对象的边缘很复杂，想使用"多边形套索"工具选择头发边缘显得力不从心。这个时候我们考虑使用"抽出"来进行选择。在进行选择以前，首先进入到右侧图层控制面板中，将"背景"图层拖动到下方"新建图层"按钮上进行图层的复制，如图3-40所示。"抽出"的执行将在被复制出来的图层上完成，从而最大限度地保证原始素材文件不被破坏。

软件技巧

（1）复制当前图层或者将选区复制为图层，也可以选择菜单中的"图层"|"新建"|"通过拷贝的图层"命令，或者按"Ctrl + J"键。

（2）"抽出"工具的快捷键是"Alt + Ctrl + X"键。

图3-39 打开照片

图3-40 复制图层

选择菜单中的"滤镜"|"抽出"命令，将打开"抽出"对话框，如图3-41所示。在当前对话框中，左上角为工具箱，中间部分为操作场景，右侧为参数调整区。

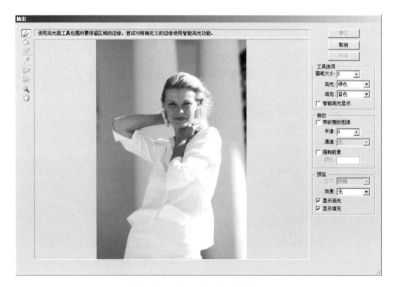

图3-41 "抽出"的工作界面

接下来，我们使用当前场景的图像为大家说明"抽出"的基本使用方法。首先，将当前场景放大，进入到工具箱中选择使用"边缘高光器"工具，在右侧调整当前笔触半径大小，然后确定选择的起点并将起点定位在人物衣服的位置上，此时所选择对象边界比较清楚，所以使用较小的笔触半径即可，如图3-43 所示。

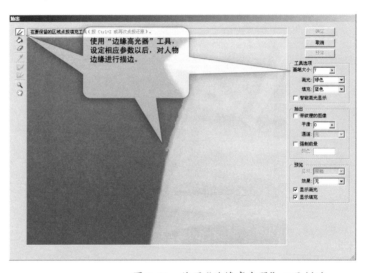

图 3-42 "抽出"中的视图工具

图 3-43 使用"边缘高光器"工具描边

完成以后，沿着选择对象的边缘进行鼠标的拖动。由于鼠标灵敏度的关系，可能会出现绘制的错误，此时可以使用左上角工具箱中的"橡皮擦"工具将轨迹删除，然后重新绘制。

沿着人像的外边缘环绕一周，得到的效果如图 3-44 所示。

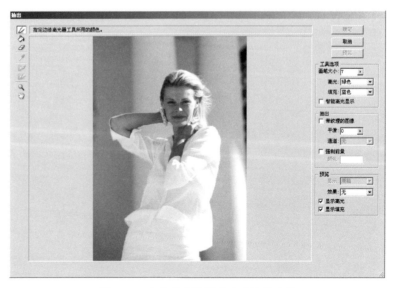

图 3-44 完成外边缘描边后的场景效果

由于头部选区有头发这种比较复杂的对象干扰，所以我们应该适当增大"边缘高光器"的笔触半径，这样才能将所有的头发覆盖进去，如图 3-45 所示。

图 3-45 对上方头发部分进行描边

头部选择完成以后的效果大致如图 3-46 所示。在使用"边缘高光器"进行圈选的过程中，一定要保证轨迹形成一个封闭的面积，否则无法进行下面步骤的操作。

图 3-46 完成头部描边后的场景效果

当前虽然使用"边缘高光器"工具将主体对象圈选一周，但是并没有完成最终完成效果。我们还需要使用左上角工具箱中的"填充"工具，对当前选区内部进行填充，只需要在内部单击鼠标即可，如图 3-47 所示。

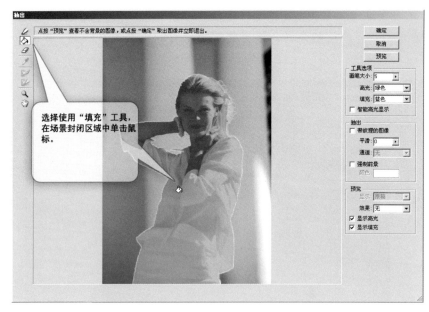

图 3-47　对内部进行填充

在当前场景中，填充为蓝色的区域，指定为完全保留的部分，而边缘被绘制为绿色的部分，是需要软件计算决定保留与否的区域，这部分对象靠人工进行选择比较麻烦，而使用"抽出"就避免了这方面的麻烦。

在完成上面的操作以后，就可以单击确定回到 Photoshop 的场景中了，得到的效果如图 3-48 所示。从图中可以看出，人物的头发几乎全部被保留下来了。

图 3-48　将人物选择出来后的效果

（3）替换背景。打开本书配套光盘中的"第 3 章 /3-49.jpg"文件，并将人像移动到这幅背景图像中，这样我们就完成了对该人像的背景替换，最终实例效果如图 3-49 所示。

图 3-49 使用背景合成

作 者 心 得

将人像置入到背景中以后，往往还需要调整彼此的色调和亮度，保证它们在视觉效果上的统一。关于这方面的内容，我们将在本书后面章节进行系统介绍。

3.6 "通道"抠图——对婚纱照背景的去除

在本章的前面章节中，我们介绍了 Photoshop 中几种常用的选择工具，实际上它们都是对对象的外轮廓进行选择。在有些照片中，还有一类图像比较难选取，如半透明的婚纱照片，这种照片的形状不容易捕捉，而且色调偏差较大，对初学者来讲很难将其选择出来。

在遇到这种照片的时候，可以使用通道来完成对象的选择。本节中，我们将通过实例为大家介绍如何使用通道对婚纱照片背景的去除。

3.6.1 通道的基本原理

为了记录选区范围，可以通过黑与白的形式将其保存为单独的图像，进而制作出各种效果。人们将这种独立并依附于原图来保存选择区域的黑白图像称之为"通道（Channel）"。

通道的所有功能都集中在通道的控制面板中，可以通过单击菜单中的"窗口"|"通道"命令将其打开，如图 3-50 所示。

通道控制面板和图层控制面板外观非常相似，实际上，它们在操作上也有一些相似之处。在通道控制面板的下方，有四个用于通道处理的按钮。可以通过单击"删除通道"按钮，将被选择的通道删除掉。另外，当我们单击"新建通道"后，通道控制栏将其自动命名为 Alpha 1 黑色通道，如图 3-51 所示，并且随着其他通道的新建，后面的通道将依次命名为 Alpha 2、Alpha 3 等。

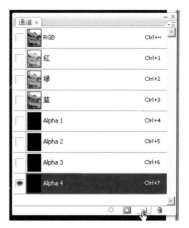

图 3-50　图层控制面板　　　　　图 3-51　创建新的通道

　　在前面的章节中，学习了很多的选择工具的使用方式，它们可以对场景中各种对象进行选择。但是，一般它们都是基于对象形体外观上的选择。通道进行对象选择的方法不同，它是基于色彩进行的选择。无论如何使用通道，最终都要回到图层控制面板中形成场景效果，也就是说，无论如何对通道进行操作，最终还是要回到对图层的控制上来。那么，通道是如何与选择和图层之间建立联系的呢？下面，我们针对这个问题进行简要的介绍。

　　首先，在一个新的场景中创建一个选区，如图 3-52 所示。一旦该场景图像关闭，场景的选区自然就会消失。在此，我们可以使用通道来保存这个选区。

　　进入到通道控制面板中，单击下方的"将选区保存为通道"按钮，这样就可以形成一个通道，如图 3-53 所示。同时，图层中的选择区域转换为通道时为白色，非选区为黑色，这就是从图层中的选区转换为通道的方法。

图 3-52　在场景中创建选区　　　　图 3-53　将选区保存为通道

将通道转换为选区的方法如下：单击通道控制面板下方的"将通道作为选区载入"按钮，选择区域又重新出现在场景中，如图 3-54 所示。这个时候，在将通道转换为选区的过程中，白色的部分将成为选择区域，黑色的部分将成为非选择区域。

图 3-54　将通道作为选区载入

实际上，前面为大家介绍了这么多有关通道的知识，主要记住两点就可以了。首先，通道有将色彩保存为选区的功能；其次，通道中的白色到图层里面是选择区域，黑色为非选择区域。如何在图层中获得选区，也就是如何在通道中制作白色所占有的区域。

3.6.2　婚纱去背

上面为大家介绍了通道的基本使用方法，下面应用通道完成一个婚纱更替背景的实例。

（1）打开照片。首先，打开本书配套光盘中的"第 3 章 /3-55.jpg"文件，如图 3-55 所示。这是一幅影楼作品，背景为橘红色。通常在影楼拍摄的婚纱照片，一般都使用纯色作为背景，如蓝色、青色、粉色等，这样主要是方便去除背景。

（2）使用通道去背。进入到通道控制面板中，如果它没有出现在软件界面右侧，大家可以选择菜单中的"窗口"|"通道"命令将其打开。在当前通道控制面板中，分别单击"红色"、"绿色"、"蓝色"三个专色通道进行观察，找到一个黑白对比比较强烈的通道，在此我们选择"蓝色"通道，如图 3-56 所示。

图 3-55　打开照片

图 3-56　选择"蓝色"通道

　　将"蓝色"通道拖动到下方"新建通道"按钮上进行复制，由于我们接下来需要对这个通道进行色调的调整，为了不破坏原始图像，应该在复制的新通道中进行操作，如图 3-57 所示。

　　对被复制的通道执行菜单中的"图像"｜"调整"｜"色阶"命令，在弹出的窗口中，分别拖动左侧和右侧两个滑块向中心移动，在移动的过程中观察当前通道，直至大多数的色彩以纯黑色和纯白色显示，如图 3-58 所示。为了保证后期婚纱的半透明效果，需要让婚纱尽可能地显露出来。

图 3-57　复制通道

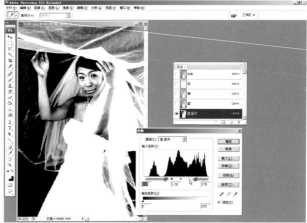

图 3-58　调整通道色阶

　　这时婚纱的白色效果已经出来了，但主体人像上还有黑白不均的地方。我们知道，作为主体的人像应该被完全选择出来，所以应该将人像填充为纯白色。进入到工具箱中，使用"多边形套索"工具 ，对人像边缘进行精细的勾选，如图 3-59 所示。

　　完成选择以后，用画笔将其填充为白色，如图 3-60 所示。经过填充后的通道效果将如图 3-61 所示。

图 3-59 使用"多边形套索"工具选择对象边缘

图 3-60 使用"画笔"进行选区填充

图 3-61 填充后的通道效果

软件技巧

"画笔"工具的快捷键是"B"键，动态调整"画笔"笔触大小可以使用"["和"]"键来完成，其中"["键为缩小，"]"键为放大。

　　单击通道控制面板下方的"将通道作为选区载入"按钮，从而将通道转换为选区。如图 3-62 所示，白色的部分转换为选区，黑色的部分转换为非选区。半透明婚纱看似选择得并不完整，这是因为它上面的颜色为灰色造成的，这部分对象转换到图层中以后，会以半透明显示。

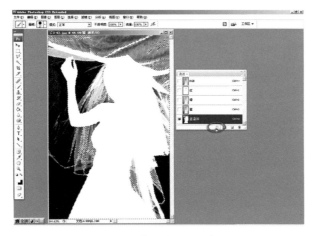

图 3-62 将通道转换为选区

在通道控制面板中单击 RGB 混色通道，然后回到图层控制面板中，此时得到的场景选区效果如图 3-63 所示。

图 3-63　回到图层控制面板中

（3）合成背景。打开一幅背景图像（第 3 章 /3-64.jpg），将选择区域拖动到新的场景中并适当调整大小和位置，得到效果如图 3-64 所示。

这时再次观察场景，我们发现婚纱上还带有很多背景颜色，严重影响了视觉效果。我们需要将它们处理干净，让婚纱恢复雪白的面貌。在工具箱中选择使用"海绵"工具 🧽，并在上方工具选项栏中设置参数，注意此时应该将"模式"设置为"去色"，回到场景中，对透明婚纱需要修改部位进行鼠标拖动，鼠标经过的地方，背景的橘红色将被完全去除，如图 3-65 所示。

图 3-64　与背景合成　　　　图 3-65　使用"海绵"去色

完成背景色去除后的效果如图 3-66 所示。

现在婚纱的色调基本上修正过来了，感觉婚纱还有些偏暗，我们可以在工具箱中选择使用"减淡"工具 ，并在上方工具选项栏中设置参数，回到场景里面，对偏暗的婚纱部分进行修改，此时婚纱的白色质感就显现出来了，如图3-67所示。

图 3-66 完成去色后的场景效果

图 3-67 使用"减淡"工具增白

经过细心的处理后，本节实例终于完成了，最后的效果如图3-68所示。

图 3-68 场景的最终效果

3.7 图层蒙版——拼接无缝海报

将几幅照片巧妙地拼接到一起，形成一幅用于打印的精美海报，这是后期制作中经常使用的高级技巧。在进行拼接的过程中，首先，要做到照片之间不留缝隙，形成平稳的过渡；其次，还需要让每幅照片的色调保持一致，这样才能获得满意的效果。下面我们就介绍一下如何对海报进行拼接。

3.7.1　图层蒙版

软件技巧

本书前面部分中曾经介绍了快速蒙版，那么它与本节介绍的图层蒙版之间有什么区别呢？首先，图层蒙版可以存储和编辑，快速蒙版不具备存储功能。其次，快速蒙版只是一个临时蒙版，在快速蒙版中所做的一切都只应用到蒙版而不是图像上；而常规蒙版则不同，它会成为该层的一部分从而加大了图像信息；常规蒙版只有黑白灰三种色，而快速蒙版则可以任意订制蒙版颜色，不过实质都差不多。快速蒙版中定义的颜色覆盖的区域具有蒙版功能，而其他地区则处于活动状态，可以任意操作；而且对于快速蒙版，常规蒙版的功能也适合于它，即黑色表示进行覆盖，白色表示取消蒙版功能。

在进行图层处理的过程中，要想获得自然的融合效果，在前期对象的选择过程中，应该注意工具的使用和参数的设置；除此之外，在后期的合成过程中，图层蒙版也是形成对象边缘柔和的重要功能。下面，我们来研究一下关于 Photoshop 中图层蒙版的使用方法以及在使用过程中应该注意的一些问题。

首先，打开 Photoshop 软件，创建一个新的文档，然后在其中随意置入一个图像元素，我们选择一幅"花朵"的照片作为范例，如图 3-69 所示的就是当前场景以及图层的效果。

图 3-69　打开照片

我们在图层控制面板中选择"图层 1"，也就是花朵所在的图层，然后单击下方"添加矢量蒙版"按钮，这样就为其添加了一个蒙版，如图 3-70 所示。

图 3-70　添加图层蒙版

在工具箱中将前景色设置为黑色，然后选择"画笔"工具，并在"画笔"的工具选项栏中选择一种画笔的笔触，对场景中"图层 1"的背景部分进行绘制，画笔经过的背景部分将被删除掉，如图 3-71 所示。

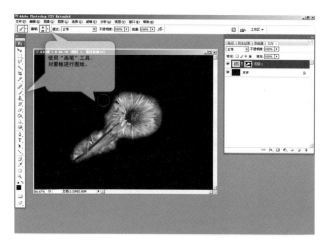

图 3-71　使用"画笔"工具擦除对象

蒙版上使用的颜色有两种：黑色和白色。黑色是对对象进行删除，白色是对对象进行恢复，这是使用蒙版以前应该了解的理论基础。

通过历史记录面板将图像返回到未进行蒙版绘制之前的效果。首先进入到"渐变"工具的"渐变编辑器"中，将渐变的颜色设置为"黑色－白色"；回到场景中，使用"线性渐变"工具，从上到下拖动出一条渐变线，得到效果如图3-72 所示。

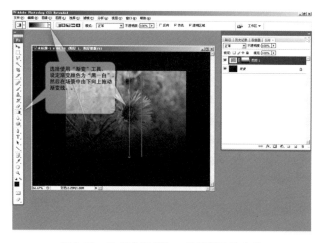

图 3-72　使用"渐变"工具获得图像渐隐

观察图层控制面板中的蒙版效果，已经转换为一种由黑到白的渐变，而场景中的图像形成了由上到下的渐隐效果。实际上，上面介绍的方法，是实现对象渐隐效果的主要手段，也是 Photoshop 图层蒙版的主要功能。

3.7.2　拼接海报

下面使用图层蒙版功能制作一幅海报。

（1）打开照片。我们可以打开本书配套光盘中的"第 3 章 /3-73.jpg、3-74.jpg、3-75.jpg"三个文件，如图 3-73～图 3-75 所示。

软件技巧

"渐变"工具与"油漆桶"工具位于同一组中，但是使用上有很大不同。"油漆桶"工具直接在场景或者选区中单击就可以了，而"渐变"工具需要在场景中首先确定一点，然后按住鼠标左键不放，并向第二点拖动。

（2）创建新文档。首先，创建海报的原始文件，选择菜单中的"文件" |"新建"命令，在弹出的窗口中设置海报的大小，如图3-76所示，此时我们可以根据需要设置海报的尺寸，最好将单位设置为"厘米"，这样便于掌握其具体的大小；另外分辨率的数值不用设置过大，按照默认数值（72 dpi）即可。

图3-73 打开照片素材（1）

图3-74 打开照片素材（2）

图3-75 打开照片素材（3）

图3-76 创建新的空白文档

（3）置入图像。打开图3-73，并将其全部拖动到新建场景中，调整其位置和大小，得到的效果如图3-77所示。

图3-77 将第一张照片素材置入场景

打开图3-74，将其拖动到场景中，调整位置和大小，放在3-73图像的右侧，也就是场景的中间部分，如图3-78所示。

图3-78　将第二张照片置入场景

（4）合成图像。进入到图层控制面板中，确定当前图层为"图层2"，也就是中间照片所在的图层，然后单击下方的"添加矢量蒙版"按钮，为该图层添加一个蒙版，如图3-79所示。

图3-79　为图层添加蒙版

进入到工具箱中，选择使用"渐变"工具 ，设置渐变颜色为"黑—白"，然后从中间图像的左侧向右拖动出一条水平的渐变线，获得的效果如图3-80所示。

图3-80　对蒙版应用渐变

软 件 技 巧

右键单击图层蒙版，会出现一个快捷菜单，其中最下面一块是关于图层蒙版的操作。"图层蒙版选项"用来控制图层蒙版以什么颜色和透明度来显示；"移去图层蒙版"表示将图层蒙版去掉，在使用时会询问是否应用，应用后图像将就按图层蒙版的效果生成，不应用就是删掉该图层蒙版；"停用图层蒙版"指暂时关闭图层蒙版，但并不删除。

这个时候观察场景，发现两幅照片基本上融合在一起，但是婚纱的下角有小范围的叠加，显得不是很美观，所以继续用蒙版进行处理。将前景色设置为黑色，在工具箱中选择"画笔"工具 ✐，然后进入到场景中，对多余图像进行擦除，如图 3-81 所示。

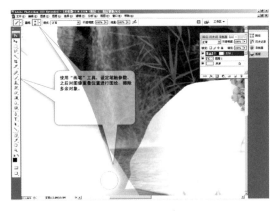

图 3-81　对重叠图像元素进行擦除

按照上面的操作方法，将图 3-75 也添加到当前场景中，放在海报的最右侧，应用图层蒙版后的效果如图 3-82 所示。

图 3-82　对第三幅照片进行合成

将海报拼接出来以后，还需要对几幅照片进行色调调整，有关调色方面的知识，我们将在下一章中为大家具体介绍，本节实例最终效果如图 3-83 所示。

图 3-83　实例的最终效果

第 4 章

色调与曝光——影像鲜活的生命

将照片导入到电脑中，往往对照片的颜色不是很满意。照片中的颜色与实际拍摄中看到的颜色不完全相同，主要的原因往往是相机设置的问题，也可能是光线的原因，还有就是相机曝光参数调整有缺陷。但是无论哪种原因造成的设置错误，都可以通过 Photoshop 强大的色彩调整功能，轻而易举地进行修改。本节的主要内容就是通过一些具体实例的学习，了解 Photoshop 中强大的色彩调整功能，通过这些简单易用的工具，可以让大家随心所欲地完成图像色调修正。

在 Photoshop 中，色彩调整工具主要集中在菜单"图像"|"调整"中。在这个菜单中，提供了多种色彩调整功能，对图像可能出现的各种色彩问题，都可以相应地选择它们来进行后期的修改。

在这些工具中，既有操作简单的调整工具，如"亮度/对比度"、"色相/饱和度"、"色彩平衡"等；也有进行高级一些的工具，如"色阶"、"曲线"、"阴影/高光"等。

4.1　调整照片的亮度

无论是传统照片还是数码照片，都会不同程度地存在曝光不足或者曝光过度的情况。尤其初学者不能准确地判断光照效果，后期处理就显得尤为重要了。

调整亮度的方法有很多种，但是常见的无外乎以下三种。

1. 使用"亮度/对比度"

首先打开本书配套光盘中的"第 4 章 /4-1.jpg"文件，如图 4-1 所示，图像的亮度不够，不能将照片的整体面貌显现出来，需要用 Photoshop 进行调整。

图 4-1　打开照片

选择菜单中的"图像"|"调整"|"亮度/对比度"命令，在弹出的窗口中
通过拖动"亮度"下的滑块来对照片进行调整，只要选中"预览"选项，就可
以随时看到调整结果，如图 4-2 所示。

图 4-2　使用"亮度/对比度"调整图片亮度

2．使用"曲线"命令

通过"曲线"命令，同样可以完成对亮度的调整。从某种程度上来说，"曲
线"功能可能更好用一些，可以调整得更加准确。

选择菜单中的"图像"|"调整"|"曲线"命令，在弹出的窗口中，可以通
过单击鼠标，在对角线上增加控制点，然后拖动控制点上下左右移动，可以很
直观地调节 RGB 通道的曲线数值并得到处理结果，如图 4-3 所示。同时，我
们还可以直接单击右侧的"自动"按钮进入到"自动颜色校正选项"面板进行
色彩校正。

图4-3 使用"曲线"调整图片亮度

3. 使用"色阶"命令

对于 Photoshop 使用比较熟练的读者来讲，除了使用上面的"曲线"命令以外，"色阶"工具也具有异曲同工之效。

选择菜单中的"图像"|"调整"|"色阶"命令，可以对图像的亮度范围和通道进行调整。通过拖动直方图左侧以及右侧的三角滑块，改变"输入色阶"以及"输出色阶"的数值，实现照片的变亮或者变暗的效果，如图4-4所示。

图4-4 使用"色阶"调整图片亮度

4.2 让照片色彩更加透彻

在天气不好的情况下，如阴天时拍摄出来的照片像蒙着一层雾，出现这种情况，主要是天气造成的，与相机拍摄过程中的数值设置没有多大的关系，可

软 件 技 巧

（1）"曲线"命令的快捷键是"Ctrl ＋ M"键。

（2）"色阶"命令的快捷键是"Ctrl ＋ L"键。

以后期用 Photoshop 进行处理，下面来简要介绍一下处理的过程。

（1）打开照片。首先，在 Photoshop 中打开本书配套光盘中的"第 4 章 /4-5.jpg"文件，如图 4-5 所示。这幅照片就出现了上述问题，由于拍摄时间接近黄昏，光线不是很充足，导致照片看起来灰蒙蒙的。接下来，考虑用 Photoshop 的相应功能对其进行处理。

图 4-5　打开照片

（2）调整"亮度 / 对比度"。在 Photoshop 中，处理这种问题的可选方案有很多，如图 4-6 所示。可以使用"自动对比度"、"自动色阶"以及"亮度 / 对比度"命令来完成调整。在这些命令中，除了"亮度 / 对比度"以外，都不能设置命令的参数，所以一般选择后者完成调整。

摄 影 知 识

所谓对比度，是画面黑与白的比值，也就是从黑到白的渐变层次。比值越大，从黑到白的渐变层次就越多，从而色彩表现越丰富。

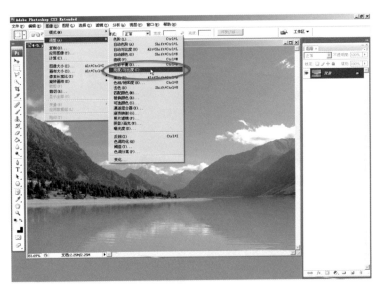

图 4-6　选择使用"亮度 / 对比度"命令

选择菜单中的"图像"|"调整"|"亮度/对比度"命令，在弹出的对话框中，调整"对比度"下方的滑块，增加场景的对比度，实际上，图像出现灰蒙蒙效果的原因就是场景中"高光"和"阴影"区域的对比不够明显，所以通过加大它们的对比，可以有效地提高场景的视觉效果，对于本节实例，可以参考如图 4-7 所示的参数进行调整。

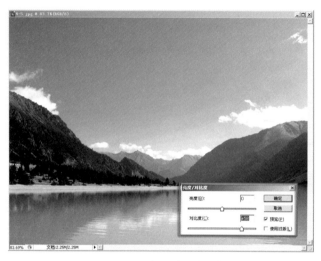

图 4-7　调整图片的对比度

完成以后单击"确定"按钮，回到场景中，得到最终效果如图 4-8 所示。

图 4-8　完成处理后的场景效果

4.3　修饰照片的色彩更加鲜艳

很多情况下，往往感觉拍摄出来的照片色彩不够鲜艳。出现这种问题：一方面是天气的原因，另外也可能是相机的参数设置并不准确。在 Photoshop 中可以对照片的色彩进行适当的调整，从而让其色彩更加艳丽。

（1）打开照片。首先，在 Photoshop 中打开本书配套光盘中的"第 4 章 /4-9.jpg"文件，如图 4-9 所示。这是一幅花卉的照片，感觉色彩不够鲜艳，下面可以使用软件中的色彩调整功能来进行调整。

图 4-9　打开照片

（2）调整图像饱和度。选择菜单中的"图像"|"调整"|"色相 / 饱和度"命令，在弹出的窗口中，可以通过拖动"饱和度"下方的滑块来改变照片的鲜艳程度，数值设置越大，图像的色彩越艳丽，如图 4-10 所示，对于本节实例来讲，将"饱和度"提高到 40 左右就可以了。

图 4-10　调整色彩的饱和度

需要说明的一个问题是，"饱和度"的数值不是无限量地提高的，因为一旦提高到一定程度以后，会让场景中的色彩看起来过于刺目，让照片的颜色失真，如图 4-11 所示的就是对照片设置各种饱和度数值得到的场景效果，从中可以看到，"饱和度"这项参数的设置需要适可而止。

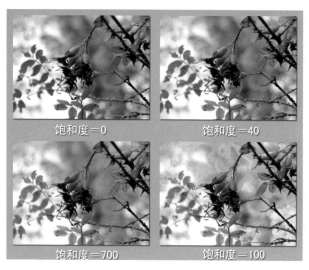

图 4-11　不同饱和度对图像的影响

4.4　准确判断照片的曝光情况

曝光，是指光学镜头吸收环境发出的光线，使它们通过镜头光孔，汇聚投影在感光材料或者投射在光导材料上，并记录于数码感光部件上，从而获得可视的影像。曝光量的大小，取决于感光材料或者光导材料受光的照度和曝光时间。曝光量是光源照度与曝光时间的乘积，即曝光量＝照度 × 时间。数值的大小标志着曝光的强弱。在摄影中，曝光量是通过调节光圈和快门速度来实现的。

1. 曝光不足、曝光过度与正确曝光

如图 4-12 所示，如果照片中的景物过亮，而且亮的部分没有层次或者细节，就是曝光过度（过曝）。

图 4-12　曝光过度的照片

如图 4-13 所示，如果环境太暗，照片较黑暗，无法真实反映景物的光泽和本来面目，是曝光不足（欠曝）。

摄 影 知 识

正确曝光也是一种相
对的说法。我们知道，
摄影是一门"减法"
学科，在拍摄过程中，
我们往往需要使用一
些技术手段，隐藏照
片中的不必要景象，
突出主体部分。这些
技术手段中就包括构
图以及曝光。我们也
经常使用不完全曝光
的方式，隐藏掉图像
中对作品主题表达没
有作用的景象。这种
照片虽然看起来是曝
光不足的，但却是我
们所追求的。

图 4-13　曝光不足的照片

所谓正确曝光，应该是通过控制曝光量使被摄体的明暗光亮比在画面中得到最佳效果。这就可以理解为通过控制曝光将不同的景物亮度恰当地容纳在数码相机的宽容度范围内，使景物的层次、质感和色彩真实地得到再现，这种曝光就是正确的。而通过调整曝光量，不同的景物亮度有时没能全部容纳在宽容范围以内，某些景物失去了层次，但是拍摄后都恰恰是由于某些景物在画面中失去层次，而达到了创作者想实现的画面效果，这种画面效果符合造型的需要，或者在同一拍摄取景范围内，只要物体表面的反光度不同，必然有曝光不足或者曝光过度的部分。所以在这样的情况下，只要我们想要表现的主体曝光正确，都可以说是正确的曝光。

图 4-14 所示的是一幅曝光正确的照片，照片中体现出来的亮度基本上与实际用肉眼看到的相似。

图 4-14　正常曝光的照片

2. 使用"直方图"判断曝光

在 Photoshop 中，我们可以使用直方图进行照片曝光情况的查看，我们可以通过选择菜单中的"窗口"|"直方图"命令，或者"图像"|"调整"|"色阶"命令将其打开，如图4-15 所示。

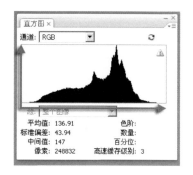

图4-15　Photoshop 中的直方图

直方图使用曲线峰值的方式来显示像素在图像中的分布情况，以及图像在暗调（直方图的左侧显示）、中间调（中间部分显示）和高光（右侧显示）中是否包含足够的细节，以便色彩校正。

直方图的图标横轴代表亮度数值，范围为 0（黑色，阴影部分）～ 255（白色，高光部分），而纵轴代表每一亮度值中图像所包含的像素数量。在窗口的下方有一个由黑色到白色的带状光谱。

直方图显示了当前照片的曝光情况。当色调分布偏向左侧时，表示该照片偏暗；当色调分布偏向右侧时，表示该照片偏亮；当集中于中间时，表示照片偏弱。针对上述出现的情况，下面将使用具体的照片进行讲解。

如图 4-16 所示的直方图，图像在暗调上几乎没有多少像素，像素的分布几乎都集中到高光区域，并且在高光部分由像素的溢出，所以这幅照片属于明显过曝。

图4-16　曝光过度的直方图

而图 4-17 所示的直方图正好相反，整个图像的像素都偏移到了暗调和中间调，高光部分像素分布得很少，所以致使整个图像显得过于暗淡，照片属于欠曝。

如图 4-18 所示的直方图，所有像素几乎都集中在中间调附近，暗调和高光部分像素很少。因此这幅照片缺乏的是对比度，致使图像没有层次感。

摄 影 知 识

对于当前市面上大多数的数码相机来讲，一般页都内置有"直方图"，方便我们在拍照过程中测光。

软 件 技 巧

在"直方图"面板上方，单击"通道"右侧的下拉菜单，可以选择"RGB"三个单色通道，进而了解"红色"、"绿色"、"蓝色"三种基本颜色在图像中占有的像素数量。

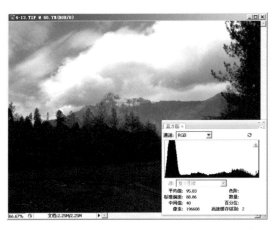

图 4-17　曝光不足的直方图

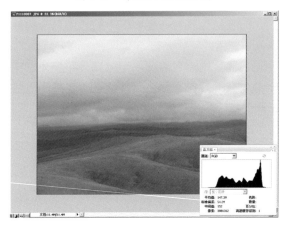

图 4-18　缺乏层次感照片的直方图

如图 4-19 所示的照片，给人感觉就比较舒服了。整幅照片层次感比较强，而且暗调和高光突出，又不显得对比过于强烈。从直方图中可以看到，像素集中到中间调，而暗调和高光部分也都有一部分像素，因此这幅照片的色调完全符合要求。

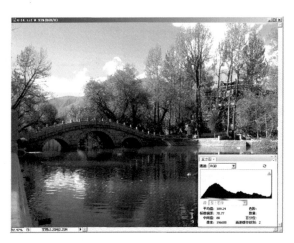

图 4-19　正常曝光照片的直方图

图 4-20 所示的是对上面几种情况进行的归纳总结，通过它希望使大家能够明白各种情况出现的原因所在。当然，它只是一个简单的参照，里面罗列的也只是几种典型现象。在有些具体的拍摄场景或者特殊的艺术效果面前，上述的直方图判断曝光的方式未必符合要求，所以应该具体问题具体分析。

直方图	图像
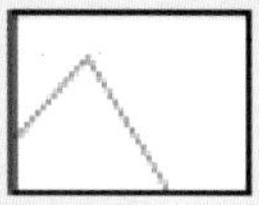	像素偏向暗调，图像比较暗，缺乏亮度。
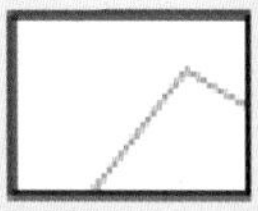	像素偏向高光，图像比较亮，缺乏暗部细节。
	像素集中在中间调，缺乏高光和暗调，图像平，没有层次感。
	像素集中在高光和暗调，对比度过于强烈。
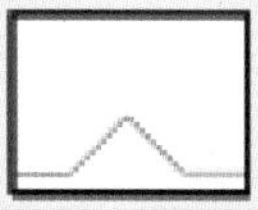	正常色调图像的直方图。

图 4-20　直方图示意图

4.5　修改照片的局部"欠曝光"

上一节中我们介绍了有关照片曝光问题的一些基本问题以及判断方法。在进行实际拍摄过程中，我们往往遵循"宁可欠曝，不可过曝"的原则。

首先，如果一幅照片曝光过度，那么呈现为曝光的位置将都为白色显示，此时无论用什么工具都无法将白色部分的细节显示出来；其次，如果这幅照片欠曝，那么此时可以使用 Photoshop 中的亮度调整工具，对照片进行整体亮度的提升，往往可以将细节呈现出来。

上面介绍的这种"欠曝"处理起来比较简单，除了这种情况以外，在拍摄出来的照片中，经常遇到的还有另外一种因为逆光而造成的局部"欠曝"现象。在摄影过程中，由于与自然光的方向正好对立，从而导致被摄体呈现曝光不足，而背景环境又曝光充分。这种情况下，就不能再对整幅照片的亮度进行提高了。

在 Photoshop CS3 这个软件版本中，提供了一个用于解决上述问题的亮度调整工具，这就是"阴影 / 高光"命令。

（1）打开照片。在 Photoshop 中打开本书配套光盘中的"第 4 章 /4-21.jpg"文件，如图 4-21 所示。这是一幅明显的逆光拍摄的照片，作为背景的天空部分，其亮度符合要求，但是作为被摄主体的草地却过于暗淡。

作者心得

曝光程度还要根据拍摄对象情况来决定。人像摄影时，观众对画面通透性要求高，对噪音忍度低，对背景曝光不很关注。这个时候人物主体脸上光滑不要有杂质，稍稍过曝一点点有助于消除脸上斑点。即使过曝通过后期调节，只要脸部没有高光洗白，减曝光就不会增加面部噪声。风景摄影强调影调层次。对画面整体噪声容忍度稍高，所以只要前期没有高光洗白，后期通过调整修改，可以得到层次丰富、颜色鲜艳、噪声适度的风景照。

图 4-21　打开照片

"阴影／高光"命令适用于校正由强逆光而形成的剪影的照片。可用于使暗调区域变亮，或者校正由于太接近相机闪光灯而有发白焦点的照片，也可用于降低高光区域的亮度。"阴影／高光"命令不是简单地使图像变亮或者变暗，而是基于暗调或者高光区周围地像素（局部相邻像素）进行协调地增亮或变暗，在该命令的对话框中可以分别控制暗调和高光调节参数，系统默认设置为修复具有逆光问题的图像。

（2）使用"阴影／高光"。选择菜单中的"图像"|"调整"|"阴影／高光"命令，在弹出的工作窗口以后，马上就可以看到照片中的阴影区域的亮度被调整过来了，而后面背景的亮度却保持不变，如图 4-22 所示。

图 4-22　使用"阴影／高光"调整图片曝光

在当前"阴影／高光"的工作窗口中，我们可以通过拖动"阴影"以及"高光"下方的滑块来控制照片中高光区域以及阴影区域的面积。勾选"显示其他选项"一项，将弹出"阴影／高光"这个工具的完整运行界面，在其中可以进行更多内容的设置与调整，如图 4-23 所示。但是对于一般的照片来讲，使用上述默认数值基本上就可以解决问题了。

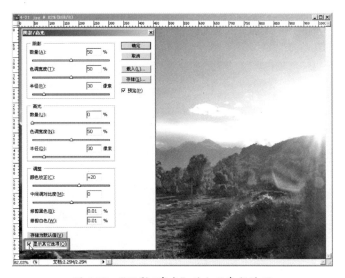

图 4-23 "阴影/高光"的全面参数选项

确定并回到场景中，上面这个实例的最终效果如图 4-24 所示。

图 4-24 实例的最终效果

4.6 白平衡与偏色

我们拍摄的照片往往会有偏色的问题，图像的偏色是环境光的色温造成的，数码相机中设置控制色温的功能称为白平衡。

这一节，我们来详细讲解一下有关数码相机中白平衡的基本概念以及如何使用 Photoshop 调整照片偏色。

1. 数码相机的白平衡

在我们使用传统相机或者使用白平衡设置错误的数码相机时，会发现荧光灯的光在人眼中看是白色的，但是拍摄出来的图像色彩却有些偏绿；如果是在白炽灯下，拍出图像的色彩就会明显偏黄，这就是我们常说的偏色。

摄影知识

尽管我们看到的太阳光或灯光是白色的，实际上它不仅包含了所有颜色的混合，而且也包括了不同比率的颜色组合。

例如，中午的阳光要比日出时的阳光和钨灯的光线蓝一点。如果要还原成使我们看起来普通或准确的色彩平衡，所拍摄的图像就必须包括原始景物中的颜色，这些颜色受光源颜色的影响。色温是用来描述光源颜色的一种方法，它是以绝对温标为尺度进行测量的，就好像温度计以摄氏度为单位来测量热度。色度级别的范围包含了从微红光线的低色温至蓝色光线的较高色温。日光相应地包含了倾向光谱蓝色一端的更多光线。白炽光包括了倾向红色一端的更多光线。这就是把日光称为"冷光"把白炽光称为"暖光"的原因。"白光"实际上包括了不同颜色和不同比率的光线。光线的整个色彩随着色彩比率的变化而变化。虽然不同的白色光源有不同的"色彩"，但你无法看出其中的细微差别，因为人的大脑会进行自动补偿。

图像传感器能平衡各种特殊色温的光线，以看起来与人眼看到的相似，这是通过叫"白平衡"的系统实现的。"白平衡"能自动决定用不同的传感器来平衡不同色温的光线，这个过程也可由人工进行调节。"日光"（室外光）设置能平衡冷色调、偏蓝的日光，而"暖光"（室内光）设置能平衡暖色调、偏红的室内光。

如图 4-25 所示，这幅照片是在室内进行的拍摄，由于只有白炽灯作为光源，所以能够感觉出明显偏黄。

图 4-25　室内拍摄偏黄的照片

如图 4-26 所示，这幅照片拍摄于雪后的一个晴天，照片偏向蓝色。

图 4-26　雪天拍摄偏蓝的照片

实际上，在不同光源下，因色温不同，拍摄出来的照片都会偏色。人的眼睛之所以把它们都看成白色的，是因为人眼对色温进行了自动修正。人们一直想，如果能够使相机拍摄的图像色彩和人眼所看到的色彩完全一样就好了。但是，由于 CCD 传感器本身没有这种功能，因此就有必要对它输出的信号进行一定的修正，这种修正就叫做白平衡。利用白平衡功能来进行修正，其原理是控制光线中红、绿、蓝（RGB）三原色的明亮度，使影像中最大光位达到纯白色，便能令其他色彩准确，所以白平衡控制就是通过图像调整，使在各种光线条件下拍摄出来的照片色彩与人眼所看到的景物色彩完全相同。

各厂家的数码相机既有自动进行白平衡设置的，也有手动进行的，即使是自动进行，其修正能力也各有不同。当然我们选择的数码相机最好能够具有手动和自动两种方式，多种模式控制白平衡，这样我们在拍摄照片的时候，可以根据环境光来使用好数码相机的白平衡。

如图 4-27 所示的是一款数码相机的白平衡设置，它一共提供了 5 种不同模式的白平衡选择方案，其中曝光"用于自动设置白平衡（自动白平衡）、（晴天）用于晴天在室外拍摄、（阴天）用于在多云和阴天下拍摄、（卤素灯）用于在卤素灯下拍摄、（闪光灯）仅用于拍摄使用闪光灯的照片。

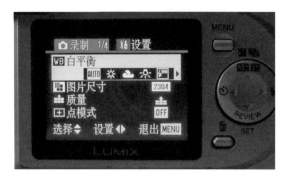

图 4-27　数码相机的"白平衡"设置

如果对同一场景使用不同的白平衡设置，得到的最终照片效果的色调也会呈现出不同的效果，如图 4-28 ～图 4-32 所示的就是使用同一数码相机，对同一场景而分别设置自动白平衡、晴天模式、阴天模式、卤素灯模式和闪光灯模式进行拍摄所得到的不同效果，从中可以看到各种设置所产生的照片偏色效果。

图 4-28　自动白平衡下的拍摄效果

图 4-29　晴天模式下的拍摄效果

大多数数码相机都提供一种或多种方法忽略自动测光系统的测光，以获得所需的正确曝光，其中最主要的是曝光补偿。

曝光补偿可以对相机自动拍摄进行加亮或减暗。加亮照片，则增加曝光，减暗照片，则减少曝光。增加或减少曝光的度量称为"级"，例如，增加曝光 1 级，就是增大光圈 1 级或和放慢快门速度 1 级。数码相机上使用曝光补偿是很简单的，因为你可以在 LCD 显示器上浏览曝光补偿后的图像变化。

使用曝光补偿时，经常以 1/3 级进行递加或递减，下面是些典型设置。

+2：是在光线明暗对比强烈，被摄主体非常暗的情况下使用的。

+1：对于侧面照明或背部照明的景物，海滩或雪景，落日或其他景物效果最好；或拍摄白色对象时，如白色枕头上的一只小白猫。

0（默认）：对平均照明的景物效果最好，阴影区与亮光区相比不算太暗的情况下也不错。

-1：是适用于背景比被摄体暗得多的景物，如非常暗的墙壁前面的肖像画；同时也适用于非常暗的对象，如黑色枕头上的一支小黑猫。

-2：适用于不寻常对比的景物，一个非常暗的背景占据图像的大部分，而你打算保留景物的最亮部的细节。

图 4-30　阴天模式下的拍摄效果

图 4-31　卤素灯模式下的拍摄效果

图 4-32　闪光灯模式下的拍摄效果

2. 修改图像的偏色

上面介绍了有关白平衡设置的基本情况，我们在实际拍摄过程中，难免会对这些设置方式产生错误，从而导致照片的偏色。如果出现了偏色的情况，在 Photoshop 里面可以非常轻松地使用其"色彩平衡"功能进行补救，从而让偏色的照片重新以真实的色彩呈现在我们面前。

（1）打开照片。首先，在 Photoshop 中打开本书配套光盘中的"第 4 章 /4-32.jpg"文件，如图 4-33 所示。从这幅照片中可以看出来，整幅照片明显地偏向青色。

（2）使用"色彩平衡"命令。选择菜单中的"图像"|"调整"|"色彩平衡"命令，此时会弹出该命令的窗口，如图 4-34 所示。在这个窗口中，可以通过拖动色调下方的滑块来改变当前图像的色调。

软件技巧

（1）"色彩平衡"命令的快捷键是"Ctrl ＋ B"键。

（2）"色调平衡"下方的"保持明度"选项可保持图像中的色调平衡。通常，调整 RGB 色彩模式的图像，为了保持图像的光度数值，都要将此项选中。

图 4-33 打开照片　　　　图 4-34 使用"色彩平衡"命令

由于本节实例图像的色调偏向青色，所以应该将青色下方的滑块向背离"青色"的方向进行拖动，也就是"红色"方向进行拖动。同时观察场景中的颜色，也可以在场景中适当添加少量的"蓝色"，如图 4-35 所示。

图 4-35 设置"色彩平衡"的参数

除此之外，在"色彩平衡"窗口的下方，有一个用于设置"色彩平衡"的区域，如图 4-36 所示。在这里除了对"中间调"调整以外，还可以对"高光"以及"暗调"区域进行综合调整，从而保证调整完毕以后的图像在各个色调区域保持一致。

使用上面的方法，将图像的色调调整完毕，最后可以针对场景中的亮度进行适当处理，最终效果如图 4-37 所示。

图 4-36　分别在"高光"和"阴影"部分调整参数　　　　图 4-37　完成调整后的实例效果

4.7　清除照片中的"紫边"现象

紫边是指数码相机在拍摄的反差较大的照片时，在高光部分与阴影部位交界处会出现紫色（或者其他颜色）的色斑。这种现象在数码照片中非常的常见，由此也对照片的视觉效果产生了很大的影响。目前对"紫边"的消除，还不能完全通过相机的功能来实现，更多的还是通过 Photoshop 的色彩调整工具来完成。

（1）打开照片。在 Photoshop 中打开本书配套光盘中的"第 4 章 /4-37. jpg"文件，如图 4-38 所示。在这幅照片中，能够明显地看到"紫边"。下面，考虑使用 Photoshop 的相应功能对其进行删除。

图 4-38　打开照片

（2）创建选区。首先，将场景中"紫边"的位置进行放大，然后进入到工具箱中选择"多边形套索"工具 ，在工具选项栏中设置"羽化"的数值，然后将出现"紫边"的位置圈选出来，如图 4-39 所示。

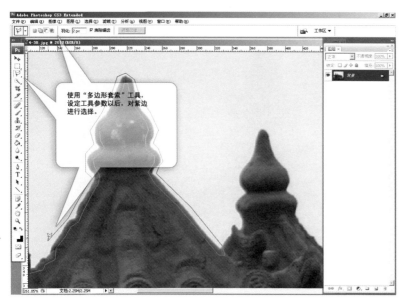

图 4-39　使用"多边形套索"工具圈选"紫边"

（3）调整颜色。选择菜单中的"图像"|"调整"|"色相/饱和度"命令，在弹出的对话框中选择"洋红"，然后调整窗口下方"饱和度"处的滑块，将"饱和度"减小到最小，如图 4-40 所示。在调整的过程中可以看到图像的"紫边"在逐渐消失。

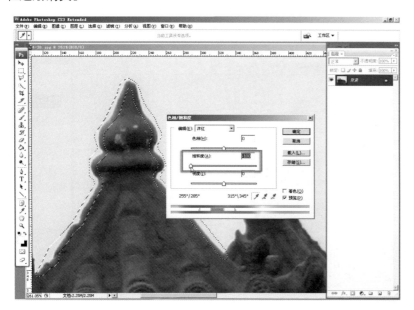

图 4-40　调整"饱和度"的数值

操作完成以后取消选择，得到最终场景的效果如图 4-41 所示，照片中的"紫边"已经完全消失了。

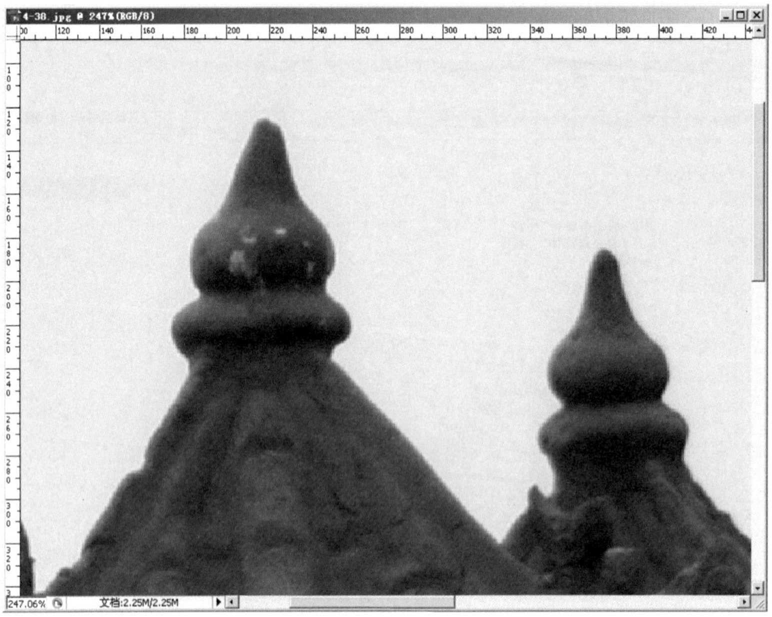

图 4-41　去除紫边后的场景效果

"海绵"工具可精确地更改区域的色彩饱和度。在灰度模式下，该工具通过使灰阶远离或靠近中间灰色来增加或降低对比度。与"多边形套索"工具的使用方法类似，使用"海绵"工具也应该尽量减小其笔触半径数值，以能正好覆盖"紫边"区域为好。

上述方法适用于"紫边"区域范围不大的情况，但是如果需要处理的位置比较多，使用这种方法则显得工作效率太低了。实际上，我们也可以使用Photoshop工具箱中的"海绵"工具进行紫边的删除。进入到工具箱中选择使用"海绵"工具，在工具选项栏中设置参数；回到场景里面，对有"紫边"的位置拖动鼠标进行擦除，如图4-42所示。

图 4-42　使用"海绵"工具去除紫边

无论使用哪种方法，只要能将"紫边"清理干净并且不影响其他视觉效果的表现即可，本节实例的最终效果如图4-43所示。

图 4-43 实例的最终效果

4.8 RAW 格式照片的调色和导出

我们用数码相机拍摄的照片，主要有三种图像存储格式：RAW、JPEG 和 TIFF。过去，RAW 格式只在专业的数码单反相机中才会有，如今在一些轻便的数码相机中也经常被采用。

1. RAW 格式的定义

RAW 格式的全称为 RAW Image Format，是拍摄时从影像传感器得到的电信号在模数转换（A/D 转换）后，不经过其他处理而直接存储的影像文件格式。简单地说，RAW 数据是单纯地将数码相机内部没有进行任何处理的图像数据、即 CCD 等摄影元件直接得到的电信号进行数字化处理而得到的。它反映的是从影像传感器中得到的最原始的信息，可以说是真正意义上的数字底片。

RAW 格式可利用数码相机附带的 RAW 处理软件或使用 Photoshop 的数码相机 RAW 插件将其转换成 TIFF 格式。由于 RAW 文件里面保存了拍摄参数、白平衡、锐度、对比度等，这些参数在处理时可以被改变，从而为摄影者提供了更多的创意空间。与利用图像编辑软件调整 JPEG 图像数据不同的是，改变这些图像数据绝不会影响图像质量。

在拍摄时，数码相机的液晶屏幕上只能看到 RAW 文件的专门为预览提供的 JPEG 副本，为了避免浪费存储空间，这个 JPEG 副本的压缩比很大，所以图像质量比较差。

2. RAW 格式的特点

RAW 文件几乎是未经过处理而直接从 CCD 或 CMOS 上得到的信息，通

摄影知识

目前一些常见的高端数码相机以及部分低端相机都可以进行 RAW 格式照片的拍摄。例如，佳能全系列单反数码相机、Fuji S3 Pro、Konica Minolta 7D、Sony A100、Pentax K10D、Konica Minolta 5D、尼康全系列单反数码相机、奥林巴斯全系列单反数码相机等。

过后期处理，摄影师能够最大限度地发挥自己的艺术才华。具体来讲，RAW 格式文件具有以下几个特点。

（1）虽然 RAW 文件并没有白平衡设置，但是真实的数据也没有被改变，可以任意调整色温和白平衡，并且不会有图像质量损失。

（2）颜色线性化和滤波器行列变换在具有微处理器的电脑上处理得更加迅速，这允许应用一些相机上所不允许采用的、较为复杂的运算法则。

（3）虽然 RAW 文件附有饱和度、对比度等标记信息，但是其真实的图像数据并没有改变。用户可以自由地对某一张图片进行个性化的调整，而不必基于几种预先设置好的模式。

（4）RAW 最大的优点就是可以将其转化为 16 位的图像。也就是有 65536 个层次可以被调整，这对于 JPG 文件来说是一个很大的优势。当编辑一个图像的时候，特别是当我们需要对阴影区或高光区进行重要调整的时候，可调节的余地更大。

3. 用 JPG 还是 RAW

我们可以认为所有的数码相机都使用了 RAW 模式，但是当我们选择了 JPG 作为存储格式之后，就把图像提交给了相机中内置的 RAW 转换程序。如果我们允许以 RAW 作为存储格式，那就意味着可以在一个复杂的平台上对照片做更好的调整，即使修改不佳，也可以在将来重新调整。

在生成 JPG 文件之前必须决定一些重要的方面，即白平衡、对比度、饱和度等，而 RAW 的好处在于，这些都不必在当时深思熟虑，以后有充足的时间来思考。

对于一些摄影师而言（体育、新闻），使用的便利与速度才是最好的，而其他人并不一定如此。如果你想要最好的画质，RAW 便是不二之选。一些相机同时保存 JPG 格式和 RAW 格式，对于摄影师而言，这是再好不过的了，然而这也不得不占用额外的存储空间。

一部分用户并不喜欢 RAW 格式，因为这种格式的文件实在太大了，他们需要更多的空间。RAW 文件确实需要更大容量的存储器，同时也需要优秀的解码和编辑软件，随着技术的不断进步，相信 RAW 的明天会更好。

4. 对 RAW 格式照片调色和导出

目前 Photoshop CS3 中集成了最新版的 Adobe Camera Raw 软件用于对 RAW 格式文件的处理，大家也可以到 Photoshop 的官方网站（www.adobe.com.cn）更新最新的 4.2 版 Camera Raw 软件，目前市面上几乎所有数码相机都支持。

我们使用本书配套光盘中的"第 4 章 /4-44.PEF"文件，为大家介绍一下如何使用 Photoshop 进行 RAW 格式文件的调色和导出。

首先，选择菜单中的"文件"|"打开"命令，在弹出对话框中选择使用 Camera Raw 文件格式，然后到本书光盘中找到 4-44 PEF 文件，如图 4-44 所示，这是一幅由 Pentax K100D 拍摄的 RAW 格式文件。

图 4-44　打开 RAW 格式文件

软件信息

除了打开 Pentax 拍摄的这种 PEE 格式文件以外，RAW 还可以打开 Canon EOS RAW images（.crw, .cr2, .tif）以及 Nikon Electronic Format images（.nef）等类型的文件。

　　该文件将自动使用 Camera Raw 插件打开，运行窗口如图 4-45 所示。在当前窗口中，左上角是基本工具按钮，用于图像的查看、旋转、裁切、红眼去除以及白平衡调整等工具；中间窗口为图像的预览视图；右侧为主要的参数调整区。

图 4-45　Camera Raw 的运行界面

　　在右侧的参数调整区域中，首先是进行基本图像参数的设置，如图 4-46 所示。这些参数都是前面我们曾经接触过的。如曝光、色温、饱和度、亮度以及对比度等，通过这些参数的修正，基本上就可以获得满意的照片效果。

　　除了基本调整以外，还可以针对图像中可能存在的其他问题进行高级参数

关于锐化的问题，用 Adobe Camera Raw 4.0 自带的锐化功能比在 Photoshop 中的用"USM 锐化"要好很多，在图像中，边缘是由灰度级和相邻域点不同的像素点构成的。因而，若想强化边缘，就应该突出相邻点间的灰度级的变化。也就是说，锐化的算法，一般是通过对灰度值进行运算的。我们也知道 Photoshop 中的是对转换后的像素值（已有的像素基础上）进行操作。所以说 Adobe Camera Raw 4.0 软件自带的锐化功能比在 Photoshop 里面直接锐化效果要好得多。

当片子出现高光过曝情况时，片中高光的部分细节会丢失得比较严重，用 Photoshop 调整过后，细节还是补救不回来，"高光调整"选项，作用在于恢复高光部分的细节，在默认和自动的情况下数值都是 0，当图片出现过曝的情况，对这个功能的滑块做出相应调整，可以很好地解决高光过曝这个令摄影师头疼的问题。暗部调整用于恢复暗部的细节，图片无论高光还是暗部，细节都会丢失，当然，我们不可能完全找回来，但是在 Adobe Camera Raw 4.0 新增加的"分离色调"功能，确实能比较好地补救，相信会成为摄影爱好者喜爱的功能。

的修改。在右侧参数调整区，单击上方第三个"锐化"按钮，将进入到图像的锐化调整区域中，如图 4-47 所示。在这部分区域中，我们可以通过锐化调节从而让图像的细节更加清晰。

图 4-46　基本图像参数

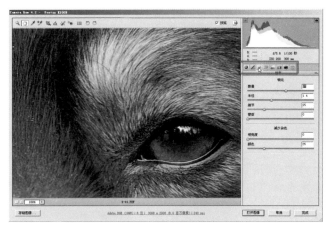

图 4-47　锐化的参数调整区

进入到"分离色调"区域中，我们可以只针对图像高光、阴影区域的范围和强度方面进行细化处理，如图 4-48 所示。

图 4-48　"分离色调"参数调整区

进入到"镜头校正"区域中，我们可以对上一节中讲解到的照片"紫光"问题进行动态消除，在操作上显得更加便捷，如图 4-49 所示。

通过上述调整处理，基本上可以对图像在拍摄过程中造成的各种问题进行处理，并且这种处理是以不损伤图像质量为代价的，从这一点上来讲，RAW 格式图像比 JPG 格式更具有观赏价值。

图 4-49 "镜头校正"参数调整区

将图像调整完成以后，就可以将照片进行输出处理了。虽然 RAW 具有各种优势，但是最大的问题是无法进行打印或者冲印。因此在文件处理完成以后，我们仍然需要将其转换为 JPG 文件。单击 Camera Raw 窗口下方的"打开图像"按钮，将直接在 Photoshop 中打开调整完成以后的图像，如图 4-50 和图 4-51 所示。

图 4-50 打开图像

图 4-51 在 Photoshop 中打开图像

软 件 技 巧

"打开图像"将会把处理完成以后照片转换为 JPG 格式，并置入到 Photoshop 的工作场景中；而左侧"存储图像"则会将照片进行保存，存储格式有 JPG 格式、PSD 格式、DNG 格式等。

Camera Raw 功能强大，基本上可以对照片中常见的所有问题进行处理，如果打算对 JPG 格式文件进行调整，那么首先需要在 Camera Raw 中打开 JPG 文件，选择菜单中的"编辑"|"首选项"|"文件处理"命令，如图 4-52 所示。

图 4-52　设置文件关联

在当前窗口中，如果使用"对 JPEG 优先使用 Adobe Camera Raw"命令，则可以直接在 Camera Raw 中打开 JPG 文件，从而可以对这种普通的图像格式采用 RAW 文件的编辑方式。

4.9　灰度和单色照片的魅力

在 Photoshop 中彩色照片转成灰度模式的方法有很多，如"图像"|"调整"|"去色"；在模式里面选用转换灰度模式；将图像的饱和度降低为最小等。但是使用以上方法，往往图像细节缺失的比较严重，还不能单独对独立通道进行调整。

在 Photoshop CS3 中，新增加的"黑白"功能，可以让我们一步到位完成转换，还能对图片中的各部分色系进行细致深入的调整，每个调整只针对相应的颜色，而不会破坏整体，细节能很好保留。

"黑白"与一般的功能相比有着他强大的优势，因为"黑白"可以调用两种色彩空间来运算，就是 RGB 模式和 CMYK 模式 ，在 Photoshop 里面的其他命令是无法做到的。我们在使用其他的方法来进行运算时，无论使用什么办法也只能选用 RGB 模式或者 CMYK 模式任意一种。

1. 灰度和单色照片的转换

（1）打开照片。首先，在 Photoshop 中打开本书配套光盘中的"第 4 章 /4-53.jpg"文件，如图 4-53 所示。我们将用这幅照片为大家介绍如何使用"黑白"命令转换灰度和单色调图像。

（2）转换为灰度图像。选择"图像"|"调整"|"黑白"命令，将打开如图 4-54 所示的运行窗口，此时图片已经转为灰度。"黑白"的操作面板细分为红、

黄、绿、青、蓝和洋红六个色彩调整项，这可以让我们对图片中不同色彩区域进行调整。

图 4-53　打开照片

图 4-54　运行"黑白"命令

软件技巧

"黑白"命令的快捷键是"Ctrl ＋ Shift ＋ Alt ＋ B"键。

在当前窗口中，我们可以通过拖动滑块来改变各部分色系在灰度图像中所占有的比例。在调整的过程中，场景可以随时预览，如图 4-55 所示。我们可以根据每个人不同的喜好获得不同风格的灰度图像，这比前面介绍的一些命令更加方便。如使用"去色"这个命令，获得的效果是千篇一律的，而使用"黑白"命令的时候，参数设置不同，调整出来的效果会完全不同。

图 4-55　修改参数

如果对当前手动调整灰度图像缺乏经验，也可以直接单击窗口右上角的自动按钮，软件根据当前场景情况，自动获得对比度理想的灰度照片，如图 4-56 所示。

图 4-56　自动调整图像

想将灰度照片转换为单色图像，我们可以直接勾选界面下方的"色调"选项，然后选择一种饱和度可调的色彩，这样图像就会转换成单色调的效果，如图 4-57 所示。

图 4-57　勾选"色调"选项

2. 偏色调艺术效果

上面为大家介绍了"黑白"命令的基本使用方法，这个功能的作用还是比较重要的，尤其是制作一些特殊艺术效果。下面我们使用"黑白"命令并配合 Photoshop 的图层混合模式完成偏色调艺术效果的制作，这种效果类似于前面介绍的反转负冲，但是色调都偏向一种。

（1）设置图层混合模式。仍然使用前面的照片，进入到图层控制面板中，将其背景图层拖动到新建图层按钮上进行复制，并将上方图层的混合模式设置为"柔光"，如图 4-58 所示。

软件技巧

在当前"黑/白"窗口中，单击"预设"右侧的下拉菜单，将得到更多已经设置完成的单色照片效果，可以从中选择一种喜爱的风格，或者对"预设"进行小幅度的参数调整，都可以获得理想的效果。

图 4-58　设置图层的混合模式

（2）调整单色调。选择菜单中的"图像"|"调整"|"黑白"命令，在弹出的窗口中设置参数如图 4-59 所示。从参数可以看出来，我们将上方图层转换为一种绿色的单色调，但是由于有图层混合模式的帮助，这种绿色作用到背景图层上并不重，获得的效果比较理想。

确定以后回到场景中，最终完成的效果如图 4-60 所示。

图 4-59　设置单色调

图 4-60　实例的最终效果

4.10　黄昏与清晨的更替

Photoshop CS3 中新增的"照片滤镜"是一项重要的功能，在照片中使用这个工具，就如同在照片镜头前面加装了一片滤色镜，可以使用它非常方便地校正偏色，从而改善图像的视觉效果。

（1）打开照片。打开本书配套光盘中的"第 4 章 /4-61.jpg"文件，如图 4-61 所示。这幅照片是阴天时拍摄的，由于光线关系，照片缺乏对比、色彩暗淡。下面通过这幅照片为大家介绍一下如何使用"照片滤镜"的功能将其转换为黄昏或者清晨的景象，并增强转换以后的照片的色彩饱和度和对比度。

（2）使用"照片滤镜"。选择菜单中的"图像"│"调整"│"照片滤镜"命令，打开如图 4-62 所示的运行窗口。我们注意到，照片被笼罩了一层浅黄色的色彩。这个滤镜虽然也是为照片添加色彩的，但与 Photoshop 中的"色彩平衡"不同，它是根据现实生活中真实的滤色片的原理而衍生出来的，所以即使加色，也仍然保留照片的宽容度，不会让色彩溢出过于强烈，从而导致失真。

图 4-61　打开照片　　　　　　　　图 4-62　运行"照片滤镜"命令

照片滤镜提供如图 4-63 所示的几种滤色片，包括暖色滤镜三种、冷色滤镜三种以及各种单色滤镜，我们使用其中的一种即可。

（3）调整参数。如果觉得场景中加色的程度不够，可以在当前窗口中调整"浓度"下方的滑块来提高色彩的饱和度，如图 4-64 所示。

图 4-63　照片滤镜列表　　　　　　图 4-64　调整"浓度"数值

在窗口最下方有"保留明度"的选项，一定要勾选，只有这样才能让场景中的高光区域在色调上保持平衡。

我们可以分别为照片添加冷色滤镜和暖色滤镜，模拟清晨和黄昏的效果，如图 4-65 和图 4-66 所示。

图 4-65　添加冷色滤镜

图 4-66　添加暖色滤镜

4.11　让草原焕发生机

在前面的章节中，介绍了如何对局部曝光进行处理。我们在处理照片的时候，也经常会遇到如何对局部颜色处理的问题。我们可以通过将需要修改颜色的部分选择出来，然后通过色调调整工具进行校正。但是，如果需要修改颜色的部分无法使用前面介绍的工具进行选择，使用 Photoshop 中的"替换颜色"可以轻松地解决上述问题。

（1）打开照片。在 Photoshop 中打开本书配套光盘中的"第 4 章 /4-67.jpg"文件，如图 4-67 所示。这是在秋天拍摄的草原景象，由于季节关系，此时的草地已经枯黄，与我们印象中绿油油的景象非常不符，不过我们可以使用"替换颜色"工具让草原焕发生机。

图 4-67　打开照片

摄　影　知　识

冷色与暖色是通过对比产生的心理色彩体系。任何颜色都是用三原色（红、绿、蓝）组成，而三原色中只有红色是暖色，所以判断比较颜色冷暖，应该通过这种颜色中红色的成分多少来决定，如果蓝色占主导则为冷，反之为暖。举一个例子，紫色是由红加蓝组成，而红和蓝的比例不同将决定紫色的冷暖程度不同，所以红色成分多的紫色给人较暖的感觉，反之给人较冷的感觉。再举绿色为例，绿色是用黄加蓝组成，而黄和蓝均属于冷色调，所以绿色就只能是冷色而不会像紫色"时冷时热"。

（2）使用"替换颜色"。选择菜单中的"图像"|"调整"|"替换颜色"命令，将打开如图 4-68 所示的运行窗口。

图 4-68　运行"替换颜色"命令

首先，我们需要定义一个取样点，然后 Photoshop 才能将取样点的颜色进行替换。进入到场景中，选择场景中央的草地部分，点取一处作为取样点，如图 4-69 所示。

图 4-69　设置图像采样点

接下来，进入到"替换颜色"窗口中，调节"颜色容差"的数值，以便于确定让场景中哪些范围的颜色进行替换。下方预览窗口中白色部分是要进行替换的范围，"颜色容差"的数值越大,则替换的范围越广,如图　4-70 所示。

在当前窗口的下方"替换"参数区中，我们可以通过单击"结果"上方的色块，用于改变替换以后的颜色，如图 4-71 所示。最后，还可以通过修改"替换"参数区中的"色相"、"饱和度"以及"明度"来修正颜色显示的效果。

图 4-70 调整"颜色容差"

图 4-71 替换颜色

确定后回到场景中，草原的颜色基本上符合我们理想的要求了，最终效果如图 4-72 所示。

图 4-72 实例的最终效果

作者心得

"替换颜色"命令和我们在前面学习过的色相/饱和度命令的作用类似，它其实是色相/饱和度命令功能的一个分支。使用时在图像中单击所要改变的颜色区域，设置框中就会出现有效区域的灰度图像（需选择显示选区选项），呈白色的是有效区域，呈黑色的是无效区域。改变颜色容差可以扩大或缩小有效区域的范围。也可以使用"添加到取样"工具和"从取样中减去"工具来扩大和缩小有限范围。操作方法同色相/饱和度相同。颜色容差和增减取样虽然都是针对有效区域范围的改变，但应该说颜色容差的改变是基于在取样范围的基础上的。另外，也可以直接在灰度图像上单击来改变有效范围。但效果不如在图像中直观和准确。除了单击确定按钮，也可以在图像或灰度图中按住鼠标拖动观察有效范围的变化。

Lab 模式由三个通道组成，但不是 R、G、B 通道。它的一个通道是亮度，即 L。另外两个是色彩通道，用 A 和 B 来表示。A 通道包括的颜色是从深绿色（底亮度值）到灰色（中亮度值）再到亮粉红色（高亮度值）；B 通道则是从亮蓝色（底亮度值）到灰色（中亮度值）再到黄色（高亮度值）。因此，这种色彩混合后将产生明亮的色彩。Lab 模式所定义的色彩最多，但与光线及设备无关，并且处理速度与 RGB 模式同样快，比 CMYK 模式快很多。因此，可以放心大胆地在图像编辑中使用 Lab 模式。而且，Lab 模式在转换成 CMYK 模式时色彩没有丢失或被替换。因此，最佳避免色彩损失的方法是：应用 Lab 模式编辑图像，再转换为 CMYK 模式打印输出。

当将 RGB 模式图片转换成 CMYK 模式时，Photoshop 将自动将 RGB 模式转换为 Lab 模式，再转换为 CMYK 模式。

在表达色彩范围上，处于第一位的是 Lab 模式，处于第二位的是 RGB 模式，处于第三位的是 CMYK 模式。

4.12 可调整的灿烂金秋

上一节中介绍了如何使用"替换颜色"功能对照片中季节进行更替的方法。下面再介绍一种借助于"应用图像"功能，将夏天景象转换为秋天景象的方法。

（1）打开照片。首先，在 Photoshop 中打开本书配套光盘中的"第 4 章 /4-73.jpg"文件，如图 4-73 所示。这是一幅夏天田间的景象，我们将使用这幅图像为大家介绍一下另外一种风景转换的方法。

图 4-73　打开照片

（2）转换图像模式。选择菜单中的"图像"|"模式"|"Lab 模式"命令，将图像转换为 Lab 模式，如图 4-74 所示。

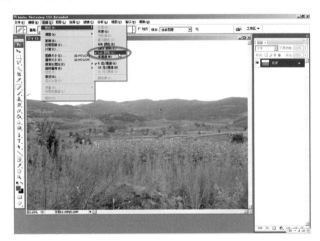

图 4-74　转换为"Lab 模式"

（3）复制图层。进入到右侧图层控制面板中，将背景图层拖动到"新建图层"按钮上进行复制，如图 4-75 所示。

（4）进行图像运算。在"背景 副本"图层执行菜单中的"图像"|"应用图像"命令，在弹出的窗口中设置参数如图 4-76 所示，其中需要将通道设置为"b"，其他参数不变。

图 4-75 复制图层

图 4-76 设置"应用图像"的参数

完成以后得到的场景效果如图 4-77 所示。

图 4-77 完成"应用图像"后的场景效果

（5）添加图层蒙版。进入到右侧图层控制面板中，单击"添加图层蒙版"按钮为"背景 副本"图层添加一个图层蒙版，如图 4-78 所示。

图 4-78 添加图层蒙版

软件技巧

在 Photoshop 中，可以使用"应用图像"命令，将一个图像的图层和通道（源）与现用图像（目标）的图层和通道进行混合。使用"应用图像"命令的操作方法如下：

（1）打开源图像和目标图像，并在目标图像中选择所需图层和通道。图像的像素尺寸必须与"应用图像"对话框中出现的图像名称匹配，即两个图像的尺寸相同。

（2）执行"图像"|"应用图像"命令，打开"应用图像"对话框。

（3）在对话框中选中"预览"复选框，以便在图像窗口中预览效果。

（4）在"源"中选择要与目标混合的源图像、图层和通道。如果要使用源图像中的所有图层，可选择"合并图层"。

（5）如果要使用通道内容的负片进行混合，应选择"反相"复选框。

（6）在"混合"中选择一个混合模式。该设置将决定两个图层或通道中的内容混合方式。

（7）输入不透明度值，该值将指定效果的强度。

（8）如果只将结果应用到结果图层的不透明区域，选择"保留透明区域"复选框。

（9）如果要通过蒙版应用混合，应选择"蒙版"复选框，然后选择包含蒙版的图像和图层。

（10）单击"确定"按钮即可。

确定当前选择的是蒙版，再次对其执行菜单中的"图像"｜"应用图像"命令，在当前窗口中，将"图层"一项设置为"背景"，将"混合"一项设置为"正常"模式，如图 4-79 所示。

确定以后回到当前场景中，得到的效果如图 4-80 所示，从图中可以看出，秋天的景象基本上已经形成。

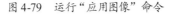

图 4-79　运行"应用图像"命令　　　图 4-80　执行"应用图像"命令后的场景效果

如果想调整场景中黄色的比例，我们可以选择"背景 副本"图层的蒙版，然后对蒙版应用"色阶"一项进行调整，如图 4-81 所示。在当前窗口中，如果将左侧的滑块向右侧进行拖动，则场景中黄色色调的面积减少；反之，黄色色调的成分增加。

图 4-81　调整蒙版的"色阶"

第 5 章

去伪存真——修复图像的瑕疵

在本书的前面章节中，我们为大家介绍了如何使用 Photoshop 进行照片的甄别、背景的去除以及整体色调调整等基础知识，这些内容有助于帮助大家对照片中常见的一些问题进行调整。

在我们日常拍摄的照片中，经常会有各种类型的缺陷以及瑕疵，它们的出现极大影响了视觉效果，所以我们应该考虑如何对可能出现的问题进行处理，从而让照片尽善尽美地展现在我们面前。

由于照片中可能存在各种各样的缺陷，所以使用的技巧和方法也涉及到 Photoshop 这个软件中方方面面的功能。这些功能中既有前面介绍的知识，也涉及到一些新的软件技巧。

摄 影 知 识

在使用长焦相机拍摄远距离肖像对象的时候，为了获得清楚的焦点，可以使用三角架配合拍摄；如果拍摄一些具有运动感的对象的时候，可以借助相机本身的连拍功能。

5.1 锐化——让照片更加清晰

有时候正常对焦以后，拍摄出来的照片仍然感觉不够清晰；另外还有一种情况，拍摄时按快门的速度不够快，拍摄出来的照片也会模糊。对于上面出现的问题，我们都可以用 Photoshop 的"锐化"工具进行修改。

1. 界定对焦不准与"糊片"

对于照片出现清晰程度不够的情况，首先需要界定哪些照片可以进行后期的修改，而哪些照片基本上属于"废片"。对于在拍摄过程中能够正常对焦，而在拍摄完成以后观察照片，能够分辨出主体对象以及背景对象，并且焦点可以非常清晰地指认到被拍摄对象上的照片，基本上都属于对焦不准的照片，而这类照片是可以在后期进行了处理的；但是，如果由于手的抖动，或者快门速度设置不够，拍摄出来的照片模糊到难以分辨主体对象和背景对象，并且无法找到焦点的照片，我们称之为"糊片"，这类照片属于无法进行修复的，也叫做"废片"。下面，我们使用两组照片来进行说明。

首先，观察图 5-1 和图 5-2 两幅照片，这是对同一对象进行拍摄得到的效果。在图 5-1 中，可以非常清楚地找到焦点，虽然对焦不是非常的清晰，但是仍然可以分辨出主体对象和焦外的背景；而图 5-2 所示的就是由于手的抖动而糊掉的照片，无论如何也找不到焦点了。

图 5-1　对焦不准的照片　　　　　　　图 5-2　糊片

同样的情况也出现在图 5-3 和图 5-4 中。对于前者来讲，我们可以找到焦点对象；而后者的焦点无法找到，整幅照片糊成一团，所以无法对后面的照片进行处理。

图 5-3　对焦不准的照片　　　　　　　图 5-4　糊片

2. 使用"USM 锐化"工具锐化照片

在上面的内容中，简要介绍了如何分辨对焦不准与"糊片"。对于初学者来讲，在进行拍摄的过程中，聚焦不准出现的几率会比较高。对于出现这种情况的照片来说，可以使用 Photoshop 中的相应工具来修改，使它们呈现出更加锐利的显示效果，从而恢复它们的原始面貌。

在 Photoshop 中，用于修改照片清晰程度的工具都集中在菜单"滤镜"|"锐化"中。在这组工具中，提供了 5 个用于锐化的工具，主要包括"USM 锐化"、"锐化边缘"、"锐化"等，其中只有"USM 锐化"可以较好地控制参数，所以在使用的过程中，一般主要使用这个工具进行照片清晰程度的调整。

（1）打开照片。首先，在 Photoshop 中打开本身配套光盘中的"第 5 章/5-5.jpg"文件，如图 5-5 所示。观察这幅照片，它具有我们前面所述的问题，整体感觉照片的清晰度不够，所以考虑使用"USM 锐化"工具对其进行处理。

（2）使用"USM 锐化"。选择菜单中的"滤镜"|"锐化"|"USM 锐化"命令，在弹出的窗口中设置参数，分别调整"数量"和"半径"的数值，其他参数不用修改，如图 5-6 所示。

图 5-5　打开照片　　　　图 5-6　设置"USM 锐化"的参数

软件技巧

在"USM 锐化"工具中，主要的参数为"数量"以及"半径"。其中"数量"用于控制锐化的程度，而"半径"用于控制锐化边缘的范围。

确定以后回到场景中，经过锐化以后的照片效果如图 5-7 所示。

如图 5-8 所示的就是在锐化前后两张照片的局部对比，从中可以看出"USM 锐化"的作用是非常明显的，从这个角度讲，它确实是用于进行图像清晰程度调整的重要工具。

图 5-7　锐化完成的照片效果　　　　图 5-8　锐化前后的比较

3. 对"USM 锐化"的再编辑

前面，我们介绍了关于"USM 锐化"工具的使用方法，虽然这个工具操作起来非常的简单，并且得到效果迅速，但是仍然有一些问题需要注意。

（1）打开照片。首先，在 Photoshop 中打开本书配套光盘中的"第 5 章/5-9.jpg"文件，如图 5-9 所示。观察这幅照片，感觉下方的草地不够清晰，所以考虑使用"USM 锐化"工具调整，对一些场景中包含花草树木的照片应用锐化是最合适的选择。

（2）使用"USM 锐化"。选择菜单中的"滤镜"|"锐化"|"USM 锐化"命令，在弹出的窗口中设置参数如图 5-10 所示。

图 5-9　打开照片　　　　图 5-10　设置"USM 锐化"的参数

确定滤镜操作以后回到场景中，照片里面的"草地"已经非常清晰了，基本上合乎修改的要求。但是如果将图像进行放大，观察边缘会发现"建筑物"上面出现了一条条"碍眼"的白边，如图 5-11 所示，这也是"USM 锐化"功能自动查找边缘并进行对比度调整造成的。一旦出现这个现象以后，对图像视觉就造成了一定的影响，所以应该考虑将其删除掉。

软件技巧

在 Photoshop 中，使用"Ctrl + Z"键恢复到上一步操作；使用"Ctrl + Shift + Z"键恢复到多步操作以前。

（3）复制图层。现在执行"Ctrl + Alt + Z"命令，将照片恢复到前面未操作"USM 锐化"以前的效果，然后进入到图层控制面板中，将"背景"图层拖动到下方"新建图层"按钮上进行复制，得到"背景副本"图层，如图 5-12 所示。

图 5-11　锐化后在建筑　　　　图 5-12　复制图层
边缘出现的白边

确定当前图层为"背景副本"图层，对其执行菜单中的"滤镜"|"锐化"|"USM 锐化"命令，在弹出的窗口中设置参数，可以使用与图 5-10 相同的数值，完成以后的效果如图 5-13 所示。

图 5-13　完成锐化后的场景

（4）删除多余对象。对于下方"草地"部分不用进行修改，但是对于"建筑物"边缘出现白边的位置需要进行删除，所以在工具箱中选择"橡皮擦"工具 ⬛，并调整工具选项栏中的笔触大小，回到场景中，对出现白边的位置进行擦除，如图 5–14 所示。

将所有白边擦除完成以后，本节实例就最终制作完成了，效果如图 5–15 所示。

图 5-14　使用"橡皮擦"工具擦除边缘　　图 5-15　擦除边缘后的场景效果

在使用"USM 锐化"功能的时候，当"半径"数值设置过大时，会在照片中色调差异较大的位置出现"白边"。出现这种问题以后，就应该考虑使用上面的方法进行适当的删除，才能完全解决照片的缺陷。

5.2　去除影响构图的多余对象

很多数码影像在拍摄的过程中，由于条件和时间的影响，会拍摄到很多影响构图的多余对象。对于这些对象，我们可以考虑在后期用 Photoshop 去除，使用的工具主要是"仿制图章"工具。

（1）打开照片。首先，打开本书配套光盘中的"第 5 章 /5-16.jpg"文件，如图 5-16 所示。

图 5-16　打开照片

这是一幅建筑的照片，观察该图像的上方，我们会发现有一些电线，它们影响了构图美观，我们考虑用"仿制图章"对其进行去除。

（2）使用"仿制图章"。在工具箱中选择"仿制图章"工具，并在工具的选项栏中设置笔触的大小，如图 5-17 所示。

图 5-17　使用"仿制图章"工具

接下来，进入到场景中，按住键盘的"Alt"键的同时，在电线旁边的天空单击鼠标。这个过程是用于定义取样点，用取样点上的图案代替电线区域的图案，如图 5-18 所示。

图 5-18 定义取样点

完成取样点的定义以后，就可以在电线的位置上拖动鼠标了，这个时候我们就会发现，鼠标经过位置的图案将被取样点的图案所代替，如图 5-19 所示。

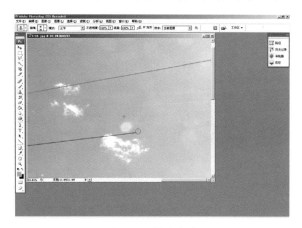

图 5-19 擦除电线

使用上面介绍的方法对电线进行擦除，就可以完成删除任务，本节实例的最终效果如图 5-20 所示。

图 5-20 完成擦除后的场景效果

作 者 心 得

在使用"仿制图章"进行图案复制的过程中，取样点的选择尽量考虑要擦除对象的附近，这样才能让修改后的照片自然，避免由于色调差异形成的区域缺陷。

摄 影 知 识

眼睛是心灵的窗户，
人类内心的活动与个
人的态度都可以从眼
睛中反映出来。尽量
让被摄者的眼睛直视
镜头，这样拍摄出来
的照片是很有个性的，
观察照片者也可以从
这类照片中感觉到被
摄者的性格特点。

软 件 技 巧

"修复画笔"工具的快
捷键为"J"，在同组
中还有"污点修复画
笔"工具、"修补"工
具、"红眼"工具。从
使用上来看，前几个
工具基本上差不多，
而"红眼"工具稍有
差别，在本章后面将
为大家详细介绍。

5.3　去除脸上的雀斑

　　虽然上面介绍的"仿制图章"工具非常适用于修缮照片的多余瑕疵，但是并不是所有场合都可以应用。如果要修复的照片表面光感与色调比较复杂，这个时候使用"仿制图章"工具就显得力不从心了。当面对这样的问题时，我们可以选择另外一款缺陷修复工具——"修复画笔"工具。

　　（1）打开照片。首先，打开本书配套光盘中的"第 5 章 /5-21.jpg"文件，如图 5-21 所示。从照片中可以非常明显地看到男孩脸部布满了雀斑，我们可以使用 Photoshop 对其进行美化处理。

图 5-21　打开照片

　　（2）使用"仿制图章"。对于前面所使用的"仿制图章"功能，它只是将定义点的图像进行简单地复制，而场景中要处理的对象表面情况相对复杂，如果使用"仿制图章"工具进行去除的话，可以明显看到处理部分的边界，造成适得其反的效果，如图 5-22 所示。

图 5-22　使用"仿制图章"工具

使用的"修复画笔"则不会出现这个问题,这个工具在进行图案复制的过程中,会根据处理部分的色调以及纹理进行自动的修正,让复制过来的图案与背景色调完美融合。

(3)使用"修复画笔"。在工具箱中选择使用"修复画笔"工具 ✐,并在选项栏中设置"画笔"的笔触大小,如图 5-23 所示。

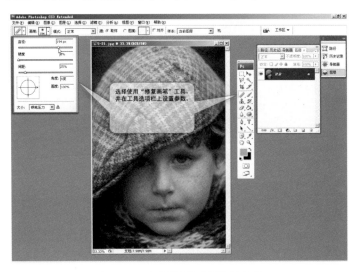

图 5-23 设置"修复画笔"的参数

接下来,进入到场景中,按住键盘的"Alt"键的同时,在人像皮肤洁净的位置单击鼠标。这个过程是用于定义取样点,后期将使用取样点上的图案替代雀斑出现的位置,如图 5-24 所示。

图 5-24 定义取样点

完成取样点的定义以后,就可以在瑕疵的位置拖动鼠标了,这个时候我们就会发现,鼠标光标经过的位置,人像的脸部在逐渐变得光滑起来,如图 5-25 所示。

作 者 心 得

由于"修复画笔"工具具有自动调整色调的功能,因此在使用该工具的时候,可以适当将笔触半径设置的小一些,这样修补的效果更加自然。

使用上面介绍的方法，不断进行擦除，就可以完成男孩脸部的"美容"任务，本节实例的最终效果如图 5-26 所示。大家在进行定义取样点的过程中，需要根据处理脸部面积的不同，不断变换画笔笔触大小，这样才能得到比较理想的结果。

图 5-25　擦除雀斑

图 5-26　实例的最终效果

5.4　得到光滑的皮肤质感

上一节我们简要介绍了如何去除脸部的雀斑，这种方法在局部有较少缺陷的情况下比较理想。如果经常看一些明星写真或者模特的照片，会发现她们的皮肤都比较光洁，而一旦观察自己拍摄的照片，却会发现人像皮肤很粗糙，这是什么原因造成的呢？差距到底在哪里呢？实际上，前者看到的完美照片也都不是真实的，它们都是经过软件的后期处理而成的，这种技术就是经常听说的"磨皮"。这一节，我们将就来学习如何得到光滑的皮肤质感。

（1）打开照片。首先，在 Photoshop 中打开本书配套光盘中的"第 5 章 / 5-27.jpg"文件，

图 5-27　打开照片

如图 5-27 所示。观察照片中人像的面部，可以看出来不是非常光滑，所以考虑使用软件进行后期的处理。

（2）创建选区。如果对面部的皮肤进行处理，首先就应该先将要修饰的脸部皮肤选择出来。进入到工具箱中，选择"多边形套索"工具，在选项栏中设置工具的"羽化"数值，这么做的目的是为了让选区的边缘不至于过于生硬。

作者心得

一般拍摄人像都是采用竖幅构图的偏多，可以尝试用横幅构图来拍摄，这样可以使自己的拍摄风格多样化。如果对横构图不熟悉，那么就多看些电影，看看别人是如何在固定的横画面中构图的。

确定以后进入到场景中，对人像的脸部进行选择，如图 5-28 所示。

图 5-28　使用"多边形套索"工具选择脸部皮肤

选择完成以后的效果如图 5-29 所示。

图 5-29　选择完成后的场景效果

完成以后，还要将选区中的五官去除掉，因为不能将它们也进行"磨皮"处理，所以还是使用"多边形套索"工具，并在工具选项栏中使用"从选区减掉"的"布尔运算"方式，然后对场景中的五官部分进行选择，如图 5-30 所示。

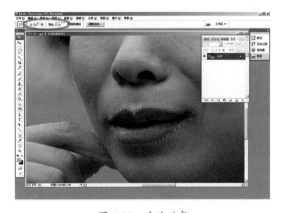

图 5-30　去除五官

作者心得

进行脸部皮肤选择的时候，尽量去除头发所占的区域；留出鼻孔、耳朵、嘴唇的位置；下方的手指部分不用进行选择。在选择以前，一定要设置羽化数值，力求一次选择成功。前期对脸部皮肤选择可以使用较大的数值，后期去除五官应该减小羽化数值。

（3）创建图层。完成选择以后，按键盘的"Ctrl + J"键，或者执行菜单中的"图层"|"新建"|"通过拷贝的图层"命令，将当前选区中的部分转换为一个单独的图层，如图 5-31 所示。

图 5-31　将选区创建图层

（4）使用"高斯模糊"。下面对刚复制得到的"图层 1"进行处理，选择菜单中的"滤镜"|"模糊"|"高斯模糊"命令，在弹出的窗口中设置模糊的半径，如图 5-32 所示。注意在操作这一步的时候，设置"半径"的数值不宜过大，否则最后形成的效果细节丢失比较严重。

确定以后回到场景中，此时得到的效果如图 5-33 所示。

图 5-32　高斯模糊　　　　图 5 33　高斯模糊后的场景效果

（5）调整颜色。接下来，再对上方的"图层 1"进行适当的色调调整，选择菜单中的"亮度/对比度"命令，在弹出的窗口中设置参数如图 5-34 所示。

图 5-34 调整图像的"亮度 / 对比度"

"亮度 / 对比度"的数值不宜调整过大,尤其是"对比度"这项数值,可能还需要根据场景的需要略微减小,从而让两个图层的色调保持一致。

完成以后,本节实例就处理完成了,最终效果如图 5-35 所示。

图 5-35 实例的最终效果

5.5 让眼睛更加明亮透彻

眼睛是心灵的窗口,如果一张人像照片中眼睛显得黯淡无光,整幅照片都失去了韵味。但是在实际拍摄的过程中,由于光线的作用,并不是所有场合都能让眼睛部分的曝光准确,所以我们可以考虑在后期使用 Photoshop 的相应功能进行处理。如果想将眼睛位置调整得更加明亮,可以使用 Photoshop 中的"减淡"工具来完成。

"减淡"工具早期也称之为"遮挡"工具(因为其原理与传统洗印照片工艺中的遮挡相似),作用是局部加亮照片;与这个工具相反的是"加深"工具,是将图像局部变暗,也可以选择针对高光、中间调或者暗调区域进行操作。

(1)打开照片。我们使用上一节中制作完成的实例,如图 5-36

"减淡"的方式可以分别设置"暗调"、"中间调"、"高光"和"曝光度"的百分比。一般情况下采用默认的"中间调"模式,这种模式下可以减淡图像中占很大面积的中间调,并可兼顾最多的色彩层次。同理,"暗调"和"高光"模式则分别只对图像中的暗部和亮部起作用。

图 5-36 打开照片

所示。在前面章节中，我们完成了对这幅照片中皮肤部分的处理，下面使用"减淡"工具处理人物的眼睛。

（2）使用"减淡"工具。首先我们先将人物的"眼白"部分调亮。在工具箱中选择"减淡"工具 ，在选项栏中设置参数如图 5-37 所示。由于"眼白"部分不需要亮度过高，所以在此使用"中间调"进行调整就可以了。

图 5-37　设置"减淡"工具的参数

在图层控制面板中，将当前图层设置为"背景"；进入到场景中，在眼白部分拖动鼠标，随着鼠标的移动，经过位置处"眼白"的亮度将获得提升，如图 5-38 所示。

图 5-38　提高"眼白"的亮度

将"眼白"处理完成以后的场景效果如图 5-39 所示。

接下来，再对人物的"瞳孔"加强亮度。此时我们需要重新设置"减淡"工具的相应参数，由于瞳孔必须体现出高光的效果，所以应该将"范围"设置为"高光"一项，如图 5-40 所示。

作者心得

使用"减淡"工具处理"眼白"亮度的过程中，注意笔触的大小以及力度，对于同一区域尽量不要多次重复涂抹，否则将导致局部亮度不一，从而影响视觉效果。比较正确的操作方法是对整个"眼白"部分均匀覆盖一遍以后，再对特殊区域使用强度和曝光度比较小的笔触进行修饰。

图 5-39 完成处理后的场景效果

图 5-40 重新设置"减淡"工具的参数

完成以后，再次进入到场景中，在人物"瞳孔"位置单击鼠标，如图 5-41 所示。在进行处理的过程中，我们需要不断地变换"笔触"大小，这样才能保证鼠标的作用范围控制在"眼睛"的位置。

随着鼠标单击次数的增加，"瞳孔"的细节部分逐渐体现出来了，这样"眼睛"整体的亮度就得到了修饰，最终效果如图 5-42 所示。

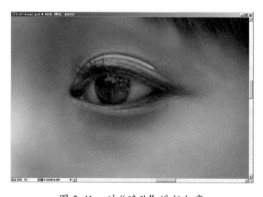

图 5-41 对"瞳孔"进行加亮

作 者 心 得

这一步操作与前面"眼白"的处理类似，但是要注意尽量保持"瞳孔"的真实颜色，如果"减淡"工具力度过大或者重复次数过多，将导致"瞳孔"的颜色呈现灰白，从而让人像的眼睛失去神采。

图 5-42　实例完成后的最终效果

5.6　打造莹彩双唇

嘴唇是脸部中一个体现色彩的重要组成部分。在人像摄影中，无论是前期拍摄还是后期的软件处理，都需要对这部分进行格外的修饰。

（1）打开照片。首先，在Photoshop 中打开上一节中完成制作的实例，如图 5-43 所示。我们注意到，与前面的眼睛相似，当前人物的嘴唇显得色调很暗，缺乏光泽，下面我们来简要讲解一下如何进行处理。

图 5-43　打开照片

（2）创建选区。在工具箱中选择"多边形套索"工具，设置工具选项栏中的相应参数，然后进入到场景中，对"嘴唇"部分进行圈选，如图 5-44 所示。

图 5-44　选择"嘴唇"部分

（3）调整颜色。下面我们重新调整一下对象的色调。在图层控制面板中，单击下方"创建新的填充或调整图层"按钮，在弹出的菜单中选择"色彩平衡"命令，如图 5-45 所示。以上操作的作用与"图像"｜"调整"｜"色彩平衡"相同，但是它可以不破坏原始图层，从而尽可能地保证原始文件的完整性。

图 5-45 添加调整图层

在弹出的窗口中，分别进入到"高光"、"中间调"、"暗调"三个区域中拖动滑块向"红色"以及"洋红"进行偏移，如图 5-46 所示。

图 5-46 调整色调

完成色调调整以后的效果大致如图 5-47 所示。

（4）使用"减淡"工具。接下来，为"嘴唇"适当增加高光，使用的工具仍然是上一节中使用过的"减淡"工具。在工具箱中选择使用"减淡"工具，并在选项栏中设置参数；进入到右侧图层控制面板中，将当前图层设置为"背景"图层，然后使用鼠标在嘴唇"下方"轻轻拖动，如图 5-48 所示，这样就将高光的部分进行了适当的加强。

软件技巧

调整图层和填充图层与图像图层具有相同的不透明度和混合模式选项，并且可以用相同的方式重排、删除、隐藏和复制。默认情况下，调整图层和填充图层有图层蒙版，由图层缩览图左边的蒙版图标表示。如果在创建调整图层或填充图层时路径是现用的，创建的将是图层剪贴路径而不是图层蒙版。当调整图层或填充图层为现用时，前景色和背景色将默认为灰度值，这样可以快速地编辑蒙版。

调整图层还可以为调整图层指定色彩调整类型。根据选择图层，所选调整命令的对话框会出现。调整图层使用调整类型的名称，并以"图层"调板中链接到一个半实心圆圈的缩览图表示。通过绘画调整图层，可将其内容只应用到下层图层的局部。

图 5-47 完成调整后的场景效果

由于这个步骤的操作是一个破坏性处理过程，所以如果没有太大的把握，建议读者首先将背景图层进行复制，然后在副本上进行操作。后面仍然有一些操作与这个步骤相似，都可以采用同样的方法进行。

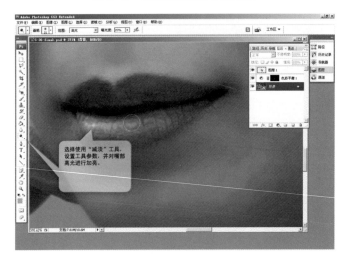

图 5-48 使用"减淡"工具增加亮度

经过调整以后，嘴唇的光泽基本上恢复正常了，最终效果如图 5-49 所示。

图 5-49 实例的最终效果

5.7　手工画睫毛

　　残缺和稀短的睫毛在欣赏者心头总会留下遗憾，但是我们往往在拍摄以后，才会在照片中发现这些细节问题。利用数码处理技术，可以弥补这一不足。需要注意的是，对于睫毛这种细小的对象，如果处理不好，反倒影响视觉效果。本节中，我们将来学习如何为残缺的睫毛进行适当弥补，使用的工具主要是Photoshop 的"画笔"工具。

　　（1）打开照片。打开前面制作完成的实例，将场景中模特的眼睛部分放大，此时我们会发现睫毛排列不够整齐，而且有些地方还出现了残缺，如图5-50 所示。接下来使用"画笔"工具将睫毛补齐。

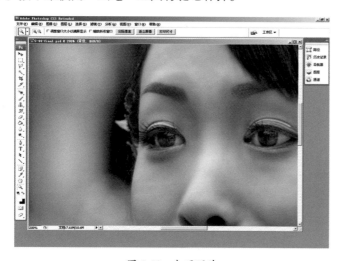

图 5-50　打开照片

　　（2）使用"画笔"工具。首先，在工具箱中选择"画笔"工具 ✐，执行菜单中的"窗口" | "画笔"命令，将画笔控制面板打开，如图 5-51 所示，我们将在此面板中设置有关画笔的相应参数。

图 5-51　选择使用"画笔"工具

在"画笔笔尖形状"选项中设置画笔的笔触大小和硬度，我们将笔触大小设置为1个像素，将硬度设置为100%，如图5-52所示。

图5-52　设置"画笔笔尖形状"的参数

在"其他动态"选项中将"控制"一项设置为"渐隐"，后面的数值在20～25之间即可，因为在后面睫毛的绘制过程中，需要不断地改变渐隐的数值，如图5-53所示。

图5-53　设置"渐隐"参数

（3）绘制睫毛。完成以后回到场景中，进入到图层控制面板中创建一个新的空白图层，用于放置睫毛的绘制，将系统前景色设置为黑色，然后使用"画笔"工具从"眼皮"的下方开始，向上进行鼠标的拖动，如图5-54所示。

如果大家是第一次进行这种绘制，对鼠标的控制往往不是非常熟练，每根"睫毛"都需要进行多次尝试，以便于使其在方向和弯曲上都趋于自然，将睫毛绘制完成以后的局部放大效果如图5-55所示。

图 5-54　绘制睫毛

图 5-55　将睫毛绘制完成后的效果

经过上面的操作以后，本节实例就最终完成了，最后的效果如图 5-56 所示。

图 5-56　实例最终的整体效果

作者心得

在进行睫毛绘制的时候，注意睫毛的走向和密度。从方向上来讲，睫毛应该是冲上呈伞状散开的，而不是朝一个方向延伸。

5.8 去除照片中的"红眼"

在室内对人像或者动物进行拍照的时候，使用闪光灯时出现"红眼"效果是常见的现象，以至于使用内置闪光灯拍摄的多数室内照片都需要进行处理。

由于使用闪光灯摄影时该问题很常见，所以几乎目前出售的所有相机都有内置的红眼校正功能。无论是低端的普及型相机（红眼校正是固定的功能），还是 DSLR（可以设置是否关闭该功能），在很多数码相机上红眼校正都是标准的功能。但是，某些相机中的自动红眼校正工具可能导致照片出现更多的问题。

对于在照片中出现的"红眼"现象，我们可以使用 Photoshop 的专用去红眼工具来进行修复。

（1）打开照片。首先，在 Photoshop 中打开本书配套光盘中的"第 5 章 /5-57.jpg"文件，如图 5-57 所示。

下面，我们将照片放大显示，如图 5-58 所示，此时可以比较明显地看到人物双眼的不正常效果。

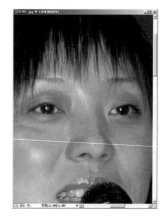

图 5-57　打开照片　　　　　　　图 5-58　将照片放大显示的效果

（2）使用"红眼"工具。在工具箱中选择"红眼"工具，并在工具选项栏中设置参数，如图 5-59 所示，一般使用默认数值就可以了。

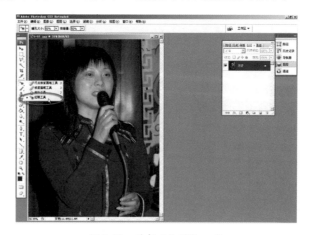

图 5-59　选择"红眼"工具

　　这个工具与前面介绍的"修补"工具位于同一组中，它也是一个智能化程度很高的功能，使用它可以瞬间去除照片中的红眼现象。下面，进入到场景中，使用"红眼"工具在人眼的部位圈出一个矩形框，此时我们就会注意到红眼消失了，如图 5-60 所示。

　　最终完成处理以后的效果如图 5-61 所示。如果对去除红眼以后的效果不是很满意，还可以再使用前面介绍的色调处理工具对区域内的色调以及亮度进行精细调整。

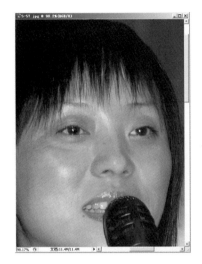

图 5-60　去除红眼

图 5-61　实例的最终效果

5.9　去除眼镜片的反光

　　在进行室内拍摄的时候，由于有闪光灯的作用，经常会让人物的眼镜出现反光，这种情况也出现在室内的镜子上。这种反光极大地影响了拍摄效果，所以我们应该在后期尽可能地将这些反光去除掉，使用的工具主要有"仿制图章"和图层方面的相应功能。

　　（1）打开照片。首先，在 Photoshop 中打开本书配套光盘中的"第 5 章/5-62.jpg"文件，如图 5-62 所示。从照片中可以清楚地看到眼镜上的反光比较严重。

图 5-62　打开照片

摄影知识

不使用闪光灯的场合：
（1）超出闪光灯作用范围，且无法通过调整距离进入这个有效范围的场合。白天一般不超过2m，晚上不要超过3m才有好的效果，否则用不用都一样不会有理想效果，某些闪光灯强度比较大的除外。
（2）在昏暗的场合，如果拍摄对象的背景是大面积发光的场合，如大家到海底世界，穿过海底隧道拍水下世界的时候，又比如彩色的音乐喷泉，用了闪光灯反而漆黑一片，此时往往需要使用曝光补偿进行解决。
（3）当物体表面比较光亮的时候，如本节实例所示，闪光灯的强烈反光会在照片上留下大面积的亮点，破坏了整体效果，如拍摄玻璃橱窗里面的物体、包了一层塑料薄膜的物体等。在拍摄这些对象的时候，有膜的最好去掉膜，易反光的可将相机尽量远离物体（通过变焦镜头调整画面大小），最重要的一点是要适当变换相机的角度，侧着拍摄，就可以使亮点反射到画面之外了。

（2）使用"仿制图章"。对照片中眼镜反光的去除，将分为眼镜片和眼镜框两部分来完成。我们先来处理眼镜片部分的反光问题。在工具箱中选择"仿制图章"工具 🖫，并在该工具的选项栏中设置相应参数；进入到场景中，将场景眼镜片部分放大显示，然后按键盘的"Alt"键定义取样点，如图5-63所示。

接下来，使用鼠标在取样点附近的反光区域单击，从而将这部分对象使用取样点的图案替换掉，如图5-64所示。

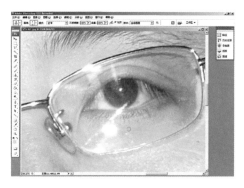 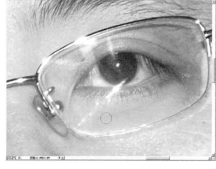

图5-63 使用"仿制图章"定义取样点　　图5-64 替换放光区域

使用这种方法，不断变换取样点的位置以及"仿制图章"工具的笔触大小，可以将眼镜片部分的反光去除干净，如图5-65所示。

对眼镜框部分的反光去除不能再使用"仿制图章"工具，这是因为眼镜框的范围比较狭小，而且走向是弯曲的，如果仍然使用上述方法，则可能会产生锯齿的效果，如图5-66所示。

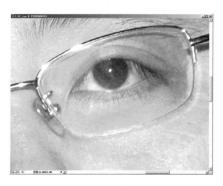 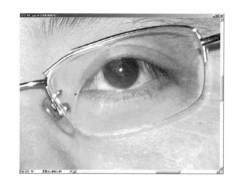

图5-65 反光去除干净以后的场景效果　　图5-66 使用"仿制图章"无法
去除眼镜框的反光

（3）创建选区。我们可以对眼镜框部分采用图层复制的方法进行解决。首先进入到工具箱中选择使用"多边形套索"工具 🖊，并设置"羽化"数值为1个像素；接下来进入到场景中，圈选反光附近的一部分眼镜框，如图5-67所示。

（4）复制图层。进入到工具箱中选择使用"移动"工具 ⛭，按住键盘"Alt"键的同时将选区部分的图案拖动并覆盖到反光区域上，如图5-68所示。

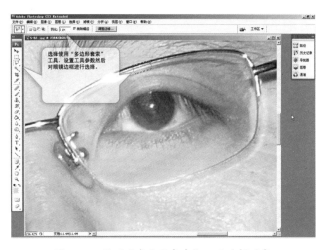

图 5-67　使用"多边形套索"工具选择对象

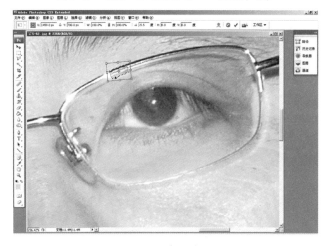

图 5-68　复制选区

综合使用上述方法，我们可以将大多数的反光部分删除干净，本节实例的最终效果如图 5-69 所示。

图 5-69　实例最终的效果

5.10 翻新老照片

我们可能有一些以前使用胶片相机拍摄的照片，可以使用扫描仪或者数码相机翻拍，将它们转成电子格式，以便于与朋友共享。通常这种方式获得的照片通常都不很清晰，而且由于保存的关系，照片上的瑕疵、斑痕以及污点经常暴露无遗。所以，我们通常需要使用 Photoshop 对这些照片进行适当的修复。

（1）打开照片。首先，在 Photoshop 中打开本书配套光盘中的"第 5 章 /5-70.jpg"文件，如图 5-70 所示。这是一张使用数码相机翻拍的照片。由于年代久远，保存措施不好，导致照片表面污渍众多，下面考虑使用软件对其进行缺陷的弥补。

（2）调整图像亮度。首先调整一下照片的亮度，选择菜单中的"图像"｜"调整"｜"阴影 / 高光"命令，在弹出的窗口中设置参数，将得到如图 5-71 所示的照片效果。这样，场景中暗部的部分尽可能地体现出来了。

图 5-70　打开照片

图 5-71　执行"阴影 / 高光"命令

（3）使用"修复画笔"。对于照片中大面积的污渍，我们可以考虑使用前面为大家介绍的"修复画笔"工具进行处理。在工具箱中选择"修复画笔"工具，然后在工具选项栏中设置参数，画笔的笔触可以适当大一些，硬度选用 0%，之后进入到场景中，对天空部分的图像进行修补，如图 5-72 所示。

图 5-72　使用"修复画笔"工具

天空部分图像修复以后的效果如图 5-73 所示。

图 5-73　完成天空部分修复后的场景

（4）使用"仿制图章"。一般老照片中还经常会看到一些划痕，这些划痕往往造成照片中图像的断层以及像素的不连贯。要想使图像连贯起来，就需要使用"仿制图章"工具进行像素的复制了。在工具箱中选择"仿制图章"工具，适当设置其工具参数，然后进入到场景中，对照片下方的微小划痕进行处理，如图 5-74 所示。

将照片中所有缺陷修复以后的效果如图 5-75 所示。

图 5-74　使用"仿制图章"工具

图 5-75　擦除划痕后的场景效果

（5）对照片锐化处理。最后，我们还可以为照片增加一些锐度。选择菜单中的"滤镜"｜"锐化"｜"USM 锐化"命令，在弹出的窗口中设置参数如图 5-76 所示。锐化的程度不宜过大，否则对于翻拍或者扫描的照片来讲，将产生大量的噪点。

老年人由于难于抗拒的生理衰老原因，皮肤变得干瘪枯燥，皱纹增多，弹性减少，加之肩耸背驼，看上去显得很不精神。所以要拍好老人照，其难度要比拍其他年龄的人大得多。不过技巧高明的摄影师，总是能调动各种技巧和手法，想方设法避开或纠正老人造型上的缺陷，努力美化老人形象，具体可运用以下手法：

（1）不少老人的外形缺陷是明显的，如耸肩驼背，斜肩歪头等。如不加纠正就任意拍摄，必定效果不佳。拍摄前，一定要根据老人不同的外形，选择不同的拍摄姿势和角度。例如，要拍驼背老人的照片，可让他摆一个正面端坐，专心读书看报的姿势，采用近景特写镜头，这样拍出的照片，可避免耸肩躬背的不良形象。再如拍大腹便便的老人照，可让他坐一张宽大的沙发椅子里，则可隐去其外形缺陷。

（2）老人脸部皮肤松弛、皱纹多，如用光不当不仅难以淡化面部缺陷，甚至会显得更加衰老。拍摄老人头像，一般应采用半逆光和正面光。因用半逆光时，脸部的大部分都处于深暗的阴影中，能有效地隐去脸部的皱纹和松弛的皮肤纹路，看上去就显得光洁，而鲜明的反差对比，能突出脸部的立体感，使人物形象变得生动有力。而用低角度的正面光时，可显著地冲淡人物脸上的皱纹，使肌

本节实例的最终效果如图 5-77 所示。由于照片本身的质量并不高，所以我们只能使用 Photoshop 中的相应工具，尽量改善照片的面貌，而不可能修复成数码相机拍摄的照片效果。

图 5-76 执行"USM 锐化"命令

图 5-77 实例的最终效果

5.11 消除年老特征

年龄较大的人拍摄出来的照片，往往会显露出很多年老的面部特征，如满头的银发、皱纹和老年斑等。我们可以在后期使用 Photoshop 对这些特征进行修补，从而尽可能让老人显得更加年轻。

（1）打开照片。首先，在 Photoshop 中打开本书配套光盘中的"第 5 章 /5-78.jpg"文件，如图 5-78 所示。这位老人的照片基本上体现出上述所说的所有年老特征，所以我们下面使用各种工具为其进行必要的修饰。

（2）染发技巧。如果想将人物头发的颜色进行修改，那么可以将头发部分进行选择，然后使用色彩调整工具对其进行颜色的修饰。如果像本节实例这样，需要将银发染成黑色，则需要使用"加深"工具来完成。

图 5-78 打开照片

前面曾经为大家介绍过"减淡"工具，"加深"工具与这个工具位于同一组中，作用与前者正好相反，用于将对象的亮度降低。在工具箱中选择"加深"工具，并在工具选项栏中设置参数；进入到场景中，在白发的位置拖动鼠

标，此时观察场景，我们就会发现，鼠标经过的地方亮度就会逐渐降低，直至变成黑色，如图5-79所示。

将所有白发的部分修改成黑色以后的效果如图5-80所示。

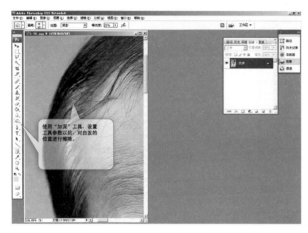

图5-79 使用"加深"工具　　　图5-80 使用"加深"工具后的染发效果

头部的上方还有部分呈现出蓝色的头发，所以也需要将它们转换为黑色。在工具箱中选择"海绵"工具，设置工具选项栏中的参数，将模式设置为"去色"，然后对蓝色部分的头发进行鼠标的拖动，如图5-81所示。

经过上述操作以后，头发基本上都已经修改成理想的效果了，如图5-82所示。

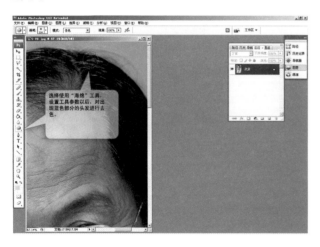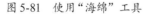

图5-81 使用"海绵"工具　　　图5-82 染发后的整体效果

（3）去除皱纹和老年斑。皱纹是体现老年特征的重要标志性对象之一，去除这部分对象可以使用"修复画笔"来完成。在工具箱中选择"修复画笔"工具，并设置工具选项栏上的相应参数；进入到场景中，对皱纹出现的位置进行擦除，如图5-83所示。

肤显得饱满，人看上去也变得年轻，精神多了。

（3）人物表情，在人像摄影中是一个重要因素。一张成功的人物照，总是能巧妙地表达被摄对象特有的神态。拍摄老人照时更要注意这一点。如老人与小孙子逗趣同乐时的慈祥神态，老人与友人恳谈时的愉快神情，老人养花逗鸟时的安逸神态，以及开怀大笑时的表情等，都是抓拍的极好时机，这样拍得的老人照片，往往显得神采奕奕，富有生活情趣。

（4）给老年人拍摄，不必像拍摄其他年龄人物那样，追求姿态的多样与优美。拍照前不要让他们能做出一个返老还童的姿势，而应千方百计地去避开老人身上的老态龙钟，尽量表现老人良好的精神状态。因他们的情感与姿态有其独特之处，情感的表达变得更深沉，不要喜形于色或者锋芒毕露。

（5）老年人在一定的环境下所具有的这种特殊的情感反应，在拍摄时就不要强求他们有一副你所要求的理想表情。在那些蹙眉凝思、似笑非笑的神情里，只要仔细观察，会发现蕴含着深厚的内容。给老年人拍照还要注意不必过多干扰他们，如果过多干扰，反而会破坏自然的形态，也许还会惹烦了"老小孩"。

（6）给相依为命的老夫妻拍一张合影照片，要并排而坐拍摄，还要督促他们坐得近一些，使照片画面更紧凑。先拍一张中景照片，再看一下近景效果如何。老年人全景照片往往缺乏美感，岁月压得他们的身体已经很少有优美的线条。当然不同年龄、不同情况的老年人会有所不同，不必苛求一律。

（7）对那些身材造型难以取胜的老人，要调运光线美化之。在拍摄时，合理巧妙地运用半逆光和正面光，能有效地克服老人脸部的缺陷。采用半逆光时，人物脸部的大部分都处于深暗的阴影中，原先明显的缺点会因阴影的掩隐而显得不太明显触目，而鲜明的反差对比，又会使照片呈现出很强的立体感，使人物形象变得生动有力。当采用低角度的正面光时，则能显著地冲淡人物脸上的皱纹，使肌肤显得饱满，看上去也就变得年轻，更有精神了。

（8）对那些外形不够理想的老人，要捕捉瞬间美妙神态弥补。俗话说："笑一笑，十年少"。在拍摄时，要是感到老人外形不够理想，可以将画面推大成面部特写，同时不失时机地摄取良好的神态，常常有助于人物精神面貌的刻画，并可使老人在相片上显得神采奕奕。

（9）老年人把更多的爱心投入到孙子辈的孩子身上，自己身体不佳，还关心孙子女的冷暖疾苦。老年人的照片很多是和孙子、孙女在一起拍摄的。只有和孩子在一起的时候，他们的生活才变得充满生气。和孩子在一起他们变得年轻了许多，时而以有趣的表情和嗔怪的语

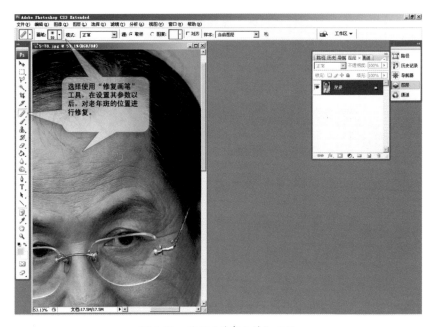

图 5-83　使用"修复画笔"工具

　　完成擦除后的效果如图 5-84 所示。大家在进行处理的过程中，尽量使用较大的画笔笔触，这样才能保证在脸部处理得不留痕迹。

　　额头上的老年斑可以使用"修复画笔"，也可以使用"仿制图章"进行修饰，相对来讲，前者要显得更方便一些，由于操作比较简单，处理过程就不为大家进行介绍了，得到效果如图 5-85 所示。

图 5-84　完成皱纹擦除后的场景

图 5-85　实例的最终效果

　　（4）去除眼带。眼带的去除要比上面介绍的操作过程麻烦一些，需要综合使用"仿制图章"和"修复画笔"两个工具才能获得满意的效果。

在工具箱中选择使用"仿制图章"工具 🥛，设置工具选项栏中的相应参数；进入到场景中，将眼部放大显示，然后使用眼带下方较浅的颜色替换眼带部分较暗的颜色，如图 5-86 所示。

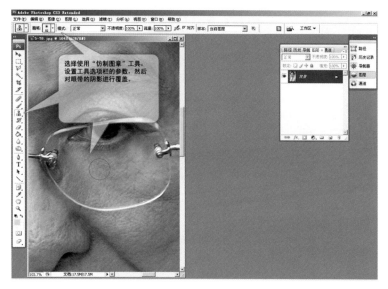

图 5-86 使用"仿制图章"工具

完成以后，我们会发现处理的皮肤与周围皮肤色调差异过大，所以再使用"修复画笔"工具，对区域间的明暗差别进行调和，如图 5-87 所示。

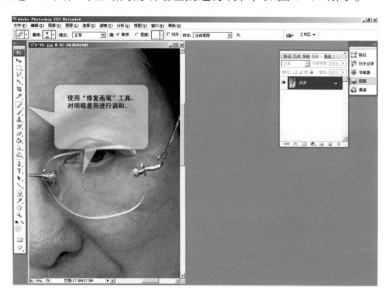

图 5-87 使用"修复画笔"工具

上述过程可能需要较多的步骤才能完成，但是为了追求细节部分的完美，还需要大家认真处理，本节实例最终完成以后的效果如图 5-88 所示。

我们可以将本节实例处理前后的照片进行对比观察，如图 5-89 所示，从中可以看到，通过上面几个方面的修复，人物的面貌发生了翻天覆地的变化。

言哄孩子不要哭了，时而以奇特的动作逗孩子开心。这些平凡的举动里包含着老人的亲情、爱心，倾注着他们爱的奉献。这时老人的感情流露最为丰富，姿态也活跃了许多，是不可失去的拍摄良机。

（10）每当节假日，分散居住的儿女常会聚在老人的住处，或者把老人请到某一个儿女的家中，那种儿孙满堂的情景是老人为之骄傲自豪的。在他们被围在中间进行拍照的时候，那种得意之情常会溢于言表；老人还可能主动要求与孙子、孙女们拍张合影照。小的抱、大的靠，老人如同一块吸铁石，场面十分动人。

（11）除了天伦之乐，老人还有朋友之乐。在没有儿孙陪伴的时候，结交的老朋友，常在一起共同消遣解闷。老人们之间常以共同兴趣、共同的语言为纽带，形成小集体，从事着不成规却有律的活动。如果有心，那些闲谈、下棋、养鸟、种花、绘画、书法、打太极拳、练气功等活动，都是很好的拍摄内容。

（12）随着年龄的增长，老人的寿辰越来越被他们自己和儿孙们重视。寿辰的规模、形式、气氛都要一一摄入镜头。在这一天，常能拍摄到老人精神矍铄的面容，而不仅仅是丰盛的酒宴。在给老人拍生日照时，可让其端坐在插有蜡烛的蛋糕前，让儿孙同庆留影，以示家庭的天伦之乐。拍老人的生活、学习、娱乐照片时，应体现老人的特点。对体态矫健、身板挺直的老人，可拍大半身；对瘦削的老人，可用自然光平视角度拍，使其饱满；对矮胖老人，可用仰角低拍，使其身材显得挺拔颀长。

（13）在老人们晚年的时候，不知是出于老人的自愿，还是儿女的请求，少不了要拍摄一张他们过世后留给后人的、能够为儿孙珍藏的照片。给它起个名字叫"遗容照片"，也许更合适。不过，拍摄中这只是个只能意会，不可言传的词语。"遗容照片"不是任何照片都可以代替的。那种和儿孙在一起以及表现生活情景的照片都不够庄严，严肃庄重的拍摄形式和人物表情才容易让人接受。

（14）"遗容照片"的拍摄，要选择人物的正面角度，照相机与人物的面部平行，这样能够准确表现其相貌特征。"遗容照片"的背景一定要简洁，可以用深灰色的墙壁或者其他装饰物品做背景。人物面部的反差，人物与背景的反差都不宜太大，色调宜深重一些。人物最好穿着深色的衣饰，使近景照片的下部呈黑色的深重色调，既可以使照片有稳定感，也符合照片的意义。

摄 影 知 识

要想在拍摄流水时获得如纱般的流动效果，往往需要增加曝光的时间，并缩小光圈，这种效果的曝光时间往往需要 4 秒以上。

图 5-88　实例的最终效果

图 5-89　修改前后的对比

5.12　创作如纱般的流水质感

在进行一些河水、瀑布拍摄的时候，我们可以通过减小快门速度，增加曝光时间的方法，获得流水像轻纱般的效果，如图 5-90 和图 5-91 所示。但是这种效果的获得，往往只有高端的单反相机才能实现，那么如何让自己手中的普通相机也能获得这种特效呢？本节，我们将为大家介绍使用 Photoshop 制作这种效果的方法。

图 5-90　水流效果（1）

图 5-91　水流效果（2）

（1）打开照片。首先，在 Photoshop 中打开本书配套光盘中的"第 5 章 /5-92.jpg"文件，如图 5-92 所示。这幅照片拍摄的是一个瀑布的效果，由于曝光时间有限，并没有显示出上面所讲的流水效果。下面，使用软件的相应功能来实现这种效果。

（2）创建选区。在工具箱中选择"多边形套索"工具 ，在工具选项栏中设置"羽化"数值为 10 个像素，从而保证边缘尽量的模糊；回到场景中，对瀑布的边缘进行圈选，如图 5-93 所示。

图 5-92　打开照片　　　　　　图 5-93　使用"多边形套索"工具选择瀑布边缘

（3）创建图层。按"Ctrl + J"键，将选区中的对象单独地创建为一个新的图层，如图 5-94 所示。

图 5-94　将选区创建为图层

（4）使用"动感模糊"。下面，为瀑布添加质感效果，选择菜单中的"滤镜"|"模糊"|"动感模糊"命令，在弹出的窗口中设置参数如图 5-95 所示。在这一步中，我们需要将方向调整为与瀑布流动的方向一致。

完成操作以后回到场景中，得到如图 5-96 所示的效果。

摄 影 知 识

瀑布的形态多种多样，面对姿态各异的瀑布，拍摄时采用不同的技术措施往往会形成各种不同的效果。可以使其显得汹涌澎湃、力敌千钧、势不可挡，也可以显得潺潺缓流、如雾如烟、轻柔飘逸。如果所遇到的瀑布落差不是很大，坡度也不很陡，可位于水流的下端，以较低的角度取景，由下朝上，对瀑布进行仰拍，以加大落差感觉。

快门速度不同会产生不同的效果。若拍摄时采用较慢的曝光速度，可把瀑布表现得缓缓流淌，充满柔情蜜意。用较快的速度则可表现出飞流直下，雷霆万钧之势。朋友们可以用不同速度多拍几张，以获得最佳的效果。

手动控制的数码机可设置为速度优先，当然也可自行设置光圈、速度的参数。但无论是采用什么样的快门速度，在拍摄瀑布照片时，要采用短焦距镜头而不要使用长焦镜头，因为广角可以尽可能地多表现出瀑布的全景，使人能欣赏到那独特的优美景色。

这里还需要注意曝光的问题。在晴日光线明亮的条件下拍摄，采用较慢的快门速度，往往会遇到曝光过度的问题。在这种情况下，要解决这个问题，曝光补偿设置为 -0.5 ～ -1，把 ISO 设置为最小值。当曝光速度小于 1/15 秒时，照相机就必须用三角架固定住，以确保画面的清晰。

软件技巧

动感模糊用于模拟用固定的曝光时间给运动的物体拍照的效果。选项"角度"变化范围从 –360 ～ 360，用于规定运动模糊的方向；"距离"设置像素移动距离，距离越大越模糊。

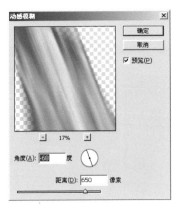

图 5-95 设置"动感模糊"的数值

图 5-96 完成"动感模糊"后的场景效果

（5）使用"橡皮擦"工具。观察当前场景，注意到上方图层的边界发生了扩展，所以我们需要将扩展到外部的图像进行擦除。在工具箱中选择"橡皮擦"工具 ✐，适当设置参数以后，对外部的像素进行擦除，如图 5-97 所示。

擦除完成以后，本节实例就最终制作完成了，最后的效果如图 5-98 所示。

图 5-97 使用"橡皮擦"进行对象擦除

图 5-98 实例的最终效果

5.13 睁开闭上的双眼

首先，在本书配套光盘中打开"第 5 章 /5-99.jpg、5-100.jpg"两个文件，如图 5-99 和图 5-100 所示。观察两幅照片，第一幅照片的表情非常自然，但是构图不理想；而第二幅照片符合我们的构图思想，但是在拍摄的过程中，没有把握好时间，结果新娘的双眼紧闭。上述情况在我们进行拍照的时候经常会遇到，那么，我们是否可以将两幅照片的优点合二为一呢？本节，我们来为新娘移头换面，让闭上的双眼睁开，从而获得更加完美的效果。

图 5-99 构图不理想的照片

图 5-100 面部表情不理想的照片

（1）创建选区。在工具箱中选择"多边形套索"工具，然后将图 5-99 中人像的脸部选择出来，如图 5-101 所示。因为我们还需要在后期对边缘进行处理，所以在选择以前，将工具羽化的数值设置为 0 就可以了。

图 5-101 选择脸部

摄影知识

人像拍摄的难点在于人物的表情，由于这个过程往往是转瞬即逝的，所以时间上难以把握，从而导致拍摄照片的成功率很低，所以在人像拍摄活动中，充分使用相机的连拍功能，往往是获得理想作品的一个重要手段。选择此类照片进行修复的时候，尽量挑选具有同一角度、同一姿态的照片，这样便于后期处理和色调调整。

（2）合成图层。在工具箱中选择"移动"工具 ，将选区部分拖动到图 5-100 中；进入到图层控制面板中，设置被移动过来的图层不透明度，直至能够让下方背景图层显示出来，如图 5-102 所示。

图 5-102　设置图层的不透明度

（3）变换图层。按键盘的"Ctrl + T"键，对上方图层进行自由变换，同时参考背景图层，在进行变换的过程中，需要尽量让两部分五官对齐，如图 5-103 所示。

图 5-103　调整图层的位置和大小

完成上述操作以后，按键盘的"回车"键确定当前变换；在图层控制面板中将上方"图层 1"的不透明度修改为 100%，此时场景效果如图 5-104 所示。

图 5-104 设置图层的不透明度

（4）使用"橡皮擦"工具。下面，我们需要为上方"图层 1"的边界进行修饰。在工具箱中选择"橡皮擦"工具 ，在工具选项栏中设置完相应参数以后，对"图层 1"的边缘进行擦除，直至两部分对象能够自然地融合在一起，如图 5-105 所示。

图 5-105 使用"橡皮擦"工具擦除边缘

（5）调整亮度。如果两个图层的色调有差异，此时往往还需要使用"图像"|"调整"|"亮度/对比度"命令，对两个图层的色调进行统一，如图 5-106 所示。由于本节实例中使用的两幅素材照片在色彩上差别不大，所以设置参数较小。

最终完成的实例效果如图 5-107 所示。

露出来，破坏了美感。这就是使用传统的灯光与相机机位组合的弊端，所谓的救一救不了二。所以，现在我们通常是使用以姿态造型来改善塑造人物的形象，姿态造型中应该注意的一些技巧如下所示：

（1）对于相貌较难看者，应当尽量避免拍摄特写和近照。

（2）对于脸型较胖者，可以适当采用头纱、手和其他小饰物来遮挡，同时也可以提高相机机位。

（3）大小眼睛的拍摄，应该调整被拍摄者的角度，小眼睛者尽量靠近镜头。

（4）"翻白眼"的拍摄，应尽量使被拍摄者的眼神朝向一侧，捕捉眼神转动的一瞬间，而不是眼睛瞪大的一瞬。

（5）"斗鸡眼"的拍摄，摄影者应尽可能地寻找一个合适的角度，使被拍摄者的双眼不同时正对画面出现。

（6）对于脖子较长的被摄者，也应当提高机位，让被摄这位手下颌。

（7）对于尖下巴的人应该使用高机位，被摄者低头的组合方式拍摄。

（8）拍摄"朝天鼻"最困难了，只能不拍摄正面。

图 5-106　调整图像色调

图 5-107　实例的最终效果

5.14　瘦身

当我们在为人像进行拍照的时候，往往拍摄出来的照片会显得很胖。那么，有没有可能使用 Photoshop 为模特瘦身呢？本节，我们就来介绍一下如何使用软件中的"液化"工具实现这一变换。

（1）打开照片。仍然使用上一节中完成的实例，如图 5-108 所示，观察照片可以看出，新娘的手臂稍微有些粗，我们接下来将手臂变细。

（2）使用"液化"工具。按键盘的"Ctrl + E"键，将场景中的两个图层合并到一起，然后选择菜单中的"滤镜"|"液化"命令，将弹出如图 5-109 所示的工作界面。

图 5-108　打开照片

图 5-109　"液化"的工作界面

首先，在左侧工具箱中选择使用"左推"工具，然后到右侧设置工具的相应参数，如图 5-110 所示。其中，我们需要重点调整的是"画笔"大小和"画笔"压力两个数值，它们是影响到场景变换的重要参数。

图 5-110　设置"左推"工具的参数

进入到场景中，选择手臂的上方，然后从右向左拖动鼠标，此时我们就会发现手臂的像素在向下偏移，从而导致手臂变细，如图 5-111 所示。

在处理的过程中，也可以上下两侧进行对比调整。但是需要注意，如果处理手臂的上方部分，是从右向左拖动鼠标，而处理下方部分，则正好相反，如图 5-112 所示。

作 者 心 得

除了本节中使用的"左推"工具以外，"液化"滤镜中很多工具对数码照片的处理都具有很大的帮助，它们都可以用于像素的偏移。希望读者通过本节的实例，能够触类旁通，了解其他工具的使用。

在进行这个步骤的操作过程中，应该尽量保持手臂上下两侧对称，并且在使用"左推"工具的时候，容易让处理的对象产生锯齿，因此对于不平滑的地方，可以考虑采用较小的笔触进行细致化处理。

图 5-111　使用"左推"工具处理手臂

图 5-112　处理下方手臂

完成上述操作以后，回到场景中，最终得到的效果如图 5-113 所示。

图 5-113　实例的最终效果

第 6 章

效果千寻——照片的艺术化处理

在本书前面部分的章节中，已经具体介绍了使用 Photoshop 进行照片后期处理的一些方法。除了这些技巧以外，对于照片的处理，还可以应用一些特殊的效果。它们的制作往往可以对本来已经完美的照片添色不少，从而让作品的表达更具有独特的魅力。本章，我们就来介绍一些在数码照片后期处理中常用的特效制作。

6.1 焦点虚光技术

在传统摄影中，可以使用柔焦镜头、柔焦滤镜、丝网等方式来模拟照片中的"柔光"效果，也被称为焦点虚光。在这种效果的作用下，能够有效地增加场景的温馨氛围。现在，我们也可以使用 Photoshop 来获得丰富的柔焦效果。使用 Photoshop 制作人像的柔焦效果，可以形成场景的朦胧感，同时也可以弥补周围环境过于纷乱对被摄主体的不利影响。

（1）打开照片。首先，在 Photoshop 中打开本书配套光盘中的"第 6 章\6-1.jpg"文件，如图 6-1 所示。这是一幅婚纱的外拍，感觉周围环境过于清晰，反而显得有些纷乱，所以下面考虑使用焦点虚光技术增加场景的氛围。

摄 影 知 识

在进行人像拍摄的过程中，光线的运用比较重要。奇特的光线可以使画面生动，也可以使人物增加眼神光。在自然光允许的情况下，拍摄时应该尽量利用自然光；而如果在自然光不理想的情况下，可以利用闪光灯或者反光板之类的辅助工具，使画面生动起来。

图 6-1　打开照片

（2）复制图层。在图层控制面板中将"背景"图层拖动到下方"新建图层"按钮上进行复制，得到"背景副本"图层，如图6-2所示。

图6-2　复制图层

软件技巧

Photoshop 中的图层混合模式是一项重要的功能。在默认状态下，图层之间的混合都是采用正常的混合模式，如果两个图层重叠在一起，上方图层会将下方图层遮盖住。我们可以选择其他的混合模式，让两个图层融合在一起。不同的混合模式，产生的融合效果不尽相同。

（3）修改图层混合模式。接下来，修改上方"背景副本"图层的混合模式为"变亮"，如图6-3所示。

（4）使用"高斯模糊"。确定当前图层为"背景副本"图层，对其执行菜单中的"滤镜"|"模糊"|"高斯模糊"命令，在弹出的窗口中设置参数如图6-4所示。

图6-3　设置图层的混合模式

图6-4　设置"高斯模糊"

确定以后回到场景中，此时照片的效果如图6-5所示。观察场景，现在的背景效果基本上已经体现出来了，但是作为被摄体的人像也呈现出模糊的效果，而不能清晰地体现出来，所以还应该对主体的人像进行适当处理。

（5）使用"橡皮擦"工具。在工具箱中选择"橡皮擦"工具 ，在工具选项栏里进行画笔笔触的参数设置。完成以后回到场景中，对人像部分进行擦除，将模糊的区域去除，让背景清晰地显示出来，如图6-6所示。

图 6-5 完成高斯模糊后的效果

图 6-6 擦除多余对象

最后，再将所有需要呈现出来的部分擦除完成以后，本节示例就最终完成了，效果如图 6-7 所示。

图 6-7 实例的最终效果

软件技巧

使用"橡皮擦"工具以前，首先在工具选项栏中设置笔触参数，将笔触的硬度减弱为"0"，这样擦除以后的边缘比较柔和。

6.2 反转片负冲

摄影知识

如果使用传统相机拍摄反转片,可以使用反转胶卷进行拍摄;市面上有很多高光数码相机,内置反转特效功能,从而让拍摄出来的照片直接就是反转效果。

反转片负冲技术,就是在拍摄的时候使用反转片拍摄,后期利用 C－41 药水冲片,使原来的反转片成为负片型的底片。反转片经过负冲得到的照片色彩艳丽,反差偏大,景物的红、蓝、黄三色特别夸张,近似于国画家在宣纸上重笔浓抹所留下的边缘浸迹,有着很夸张的艺术效果。反转负冲主要适用于人像摄影和部分风景照片。这两种拍摄题材在反转片负冲的表现下,反差强烈、主体突出、色彩艳丽,使照片具有独特的魅力。

本节,我们将使用 Photoshop 来模拟这种反转片的效果,通过学习,相信大家也可以将手中不错的照片进行处理,从而"以假乱真",比拼光学相机拍摄出来的胶片效果。

(1)打开照片。首先,在 Photoshop 中打开本书配套光盘中的"第 6 章 \6-8.jpg"文件,如图 6-8 所示。下面,我们来介绍一下使用 Photoshop 模拟反转负冲的基本过程和参数设置。

(2)进行通道运算。在通道控制面板中选择"蓝色"通道作为当前通道,然后选择菜单中的"图像"|"应用图像"命令,在弹出的窗口中设置参数:将"通道"后面的"色相"勾选,然后将"混合方式"设置为"正片叠底",同时将"不透明度"设置为 50%,具体设置参数如图 6-9 所示。

图 6-8　打开照片　　　　　图 6-9　对蓝色通道执行"应用图像"命令

进入到上方"绿色"通道中,仍然选择菜单中的"图像"|"应用图像"命令,在弹出的窗口中设置如下参数:将"反相"进行勾选,"混合方式"设置为"正片叠底","不透明度"设置为 20%,如图 6-10 所示。

进入到"红色"通道中,选择"图像"|"应用图像"命令,在弹出的窗口中,除了将"混合方式"设置为"变暗"以外,其他参数与上面步骤设置相同,如图 6 11 所示。

确定以后回到当前场景中,此时照片效果如图 6-12 所示。

图 6-10　对绿色通道执行"应用图像"命令

图 6-11　对红色通道执行"应用图像"命令　　图 6-12　完成"应用图像"后的场景

（3）运算色阶。接下来，再通过"色阶"命令对场景中每个专色通道进行调整。首先进入到通道控制面中，选择"蓝色"通道，选择菜单中的"图像"|"调整"|"色阶"命令，在弹出的窗口中对"输入色阶"的三个数值进行设置，分别设置为 21、0.76、151，如图 6-13 所示。

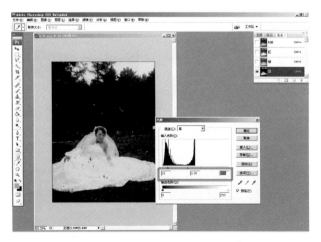

图 6-13　对蓝色通道应用"色阶"命令

作 者 心 得

"应用图像"命令，可以将一个图像的图层及通道与另一幅具有相同尺寸的图像中的图层及通道合成，是一个功能强大、效果多变的命令，是高级合成技术之一。通过对"应用图像"方法的步骤进行详细剖分析，笔者认为用 Photoshop 模拟反转负冲效果应该掌握以下几个特点：一是要强调图像的对比，换句话说，这种效果的图像饱和度一般都较高；二是各个不同影调区域的色彩表现不同：高光区域首先强调红色，其次则是绿色，蓝色在高光区域被弱化，因此高光区域往往呈现红色和黄色；暗调区域则强调绿色和蓝色，红色被大幅度弱化，因此暗调区域往往呈现绿、蓝、青色；中间调则呈现一种胶着状态。

摄 影 知 识

正片、负片、反转片
有何区别，这问题刚
好是感光材料按用途
分的三大类别：
正片主要是一种对各
种底片进行拷贝、复
制的感光材料，所得
影像明暗，色彩与原
物一致，我们平时看
到的照片、放映电影
电影片、制版印刷片、
部分的幻灯片都是这
种材料。
反转片与正片不同，
是主要用于拍摄的，
经反转工艺冲洗后得
的正像，可以省下制
作照（正）片的过程，
并直接从幻灯机投影
观看。被外国人称为
"克罗姆"的就是彩色
反转片，是以其加工
工艺为主要特征的，
当它不用反转工艺冲
洗时也可以得到负片
效果。
负片是经拍摄和加工
后，得到的影像其明
暗正好与被摄物相反，
其色彩则为被摄物的
补色，一般都被叫做
"底片"的胶片。

按照上述使用的方法，分别再进入到"绿色"以及"红色"通道中，设置输入色阶的数值分别为 46、1.37、255 和 46、1.37、221，如图 6–14 和图 6–15 所示。

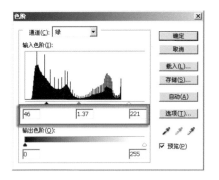 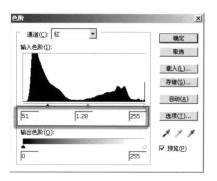

图 6-14　对绿色通道应用"色阶"命令　　　图 6-15　对红色通道应用"色阶"命令

确定以后回到场景中，此时场景效果如图 6–16 所示。

（4）色彩调整。下面对照片中的整体色调进行调整。对整幅图像执行菜单中的"图像"｜"调整"｜"亮度 / 对比度"命令，在弹出的窗口中设置参数，具体参数如图 6–17 所示。

图 6-16　完成色阶调整后的场景　　　图 6-17　调整图像的"亮度 / 对比度"

选择菜单中的"图像"｜"调整"｜"色相 / 饱和度"命令，在弹出的窗口中设置参数如图 6–18 所示。

现在感觉场景中的背景显得有些暗，所以再选择菜单中的"图像"｜"调整"｜"阴影 / 高光"命令，在弹出的窗口中设置参数如图 6–19 所示。

图 6-18 调整图像的饱和度

图 6-19 调整"阴影 / 高光"

完成调整以后，本节示例就最终制作完成了，最后效果如图 6-20 所示。

图 6-20 实例的最终效果

除了在人像摄影的时候使用反转片效果以外，也可以将其应用到其他的一些场合中，同样可以收到很好的效果。下面简要说明一下在其他类型照片中的使用。

首先，在表现肖像或者静物写生的时候，照片往往使用景深来进行表现，这个时候应用反转片效果，可以拉大被摄体与背景之间的色彩反差，从而让作品更具有感染力，如图 6-21 所示。

摄 影 知 识

拍摄室外人像时，采用哪种用光方法比较好？一般来说不要让模特的脸直接面对直射的阳光，强烈的阳光会使得模特低头眯眼，无法表现出人像照片的神韵来。我们可以选择在阴影处拍摄，晴天阴影处的漫射光也足以提供我们需要的色彩，不过有一点要注意，尽量避免在大树下躲避阳光，因为当直射的阳光通过树叶照到模特脸部时会产生难看的光斑和亮点。

逆光拍摄时由于背对太阳，所以容易造成面部曝光不足，由于背景亮度过大常规的平均侧光也容易导致脸部的曝光不足，我们可以使用曝光补偿或者点侧光来增加曝光量使脸部更明亮一些（下图为两种不同补光方式的效果对比），但是在使用这种方法的时候，可能会使得整张相片的亮度变高，在让脸部变得亮的同时，背景也一起变亮，从而导致背景天空发白或者导致其他细节的丧失。

图 6-21　肖像作品的反转片效果

另外在灰度照片中，使用上面的参数得到的反转片，颜色将形成一种青灰色，这种效果对于表达肃穆、静谧的场景非常适合，如图 6-22 所示。

图 6-22　灰度照片的反转片效果

最后，对一些大场面的风景照片应用反转片的效果，可以更大程度地渲染场景氛围，并让色调更加饱满，如图 6-23 所示。

图 6-23　风景照片的反转片效果

6.3　使用色彩突出作品主题

一幅照片的主题，是作品的灵魂。通过对主题的准确理解，便于了解照片所表达的主要思想。体现主题的方法有很多，除了在前期拍摄时进行准确的构图以及设置景深以外，也可以使用 Photoshop 通过后期的制作来完成，如本章第一节制作虚光的技巧。

下面介绍的方法，是通过色彩的调整来完成体现作品主题的技巧。这种方法主要是将作为主体对象的被摄体颜色进行保留，而作为烘托作品主题的背景部分去色来完成，下面介绍一下具体操作方法。

（1）打开照片。首先，在 Photoshop 中打开本书配套光盘中的"第 6 章 /6-24.jpg"文件，如图 6-24 所示。这是一幅墓地的照片，体现的主题与生命有关，下面希望通过十字架上的花环将作品的主题升华，因为花朵象征希望和生命，下面研究如何对其进行修改。

图 6-24　打开照片

（2）创建选区。在工具箱中选择"多边形套索"工具 🖼️，并且在工具选项栏中进行相应参数的设置，注意配合使用"布尔运算"按钮以及"羽化"的设置，然后回到场景中，对花环进行勾选，如图 6-25 所示。

软 件 技 巧

在当前场景中，使用"多边形套索"工具时，可以考虑设置像素为1的"羽化"数值，这样能够让选区对象与背景自然融合。

图 6-25　对花环进行选择

进行精细选择以后，得到此时场景中选区的效果如图 6-26 所示。

图 6-26　选择完成后的场景

（3）调色。下面将"花环"以外的场景部分进行去色处理。执行菜单中的"选择"|"反选"命令，然后选择菜单中的"图像"|"调整"|"去色"命令，得到场景中的效果如图 6-27 所示。

图 6-27　对选区外图像去色

取消选择，按照上一节中制作反转片的方法对这幅照片进行反转负冲效果的处理，具体的参数设置方法在前面已经有比较详细的介绍，在此就不为大家详细说明了，这个示例的最终效果如图 6-28 所示。

图 6-28　制作前后的效果对比

6.4　使用"爆炸变焦"突出作品主题

在上一节中，我们为大家介绍了一种使用色彩表现作品主题的方法。实际上，使用 Photoshop 可以有多种方法让作品主体更好地表达出来，这一节将使用 Photoshop 中的"径向模糊"滤镜来制作一种爆炸变焦的摄影技术。

所谓爆炸变焦，是指在拍摄像片的时候，使用较慢的快门速度，同时迅速改变镜头焦距而产生的特殊效果，这种效果的相片给人以强烈的视觉冲击感，是拍摄体育比赛中常见的表现手法。但是拍摄这种效果的照片需要很高的拍摄技术和较好的相机，用普通的数码相机是拍不出来的。为了强化相片的表现力，可以在后期处理中实现模拟变焦镜头爆炸效果。

（1）打开照片。首先，在Photoshop中打开本书配套光盘中的"第6章/6-29.jpg"文件，如图6-29所示。我们想表现出果实的主体地位，但是现在照片中的背景显得过于复杂，所以考虑使用Photoshop对其进行适当处理。

图6-29　打开照片

（2）创建选区。在工具箱中选择"多边形套索"工具 ，然后进入到场景中，对"果实"对象进行圈选，如图6-30所示。

图6-30　选择主体对象

选择完成以后得到的场景效果如图6-31所示。

图6-31　选择完成后的场景

创造变焦爆炸效果的秘诀之一是先将相机支在稳固的三脚架上，以便推拉变焦镜头时顺滑流畅，不致晃动，确保构图不会改变。

不妨尝试不同的较慢的快门速度，但至少要慢于1/4秒，使曝光时间长得足以进行平滑，可控制的变焦推拉，甚至曝光时间可长达10秒。为得到所需的长时间曝光，应使用慢速胶卷，小光圈以及在阴天下拍摄。必要时可使用中性密度滤镜。夜晚是较佳的拍摄变焦爆炸效果的时间，对着明亮、五光十色霓虹灯招牌，可多作尝试，进行一些探索。

如果相机具有自动对焦功能，则要转到手动挡，以求对焦更准确和方便。先将镜头推至最长焦距处，然后当快门释放时，将镜头变焦环平滑稳定地拉近至最短焦距端。在开始变焦前可稍停片刻，停顿的时间取决曝光时间的长短。例如，对于4秒的曝光，可让快门开启2秒钟后才变焦，这使主体在画面变焦爆炸的线条中突显出来。可尝试一下将镜头拉近和推远，看其效果有何不同。也可试一下不同的推拉速度以及在曝光的不同时间进行推拉。

大多数变焦镜头所获得的变焦爆炸效果都不错。如果构图紧凑一些，广角变焦镜头出来的效果会比远摄变焦镜头的效果好得多。

（3）使用"径向模糊"。下面对选区以外的部分进行处理，从而得到所需的效果。首先执行菜单中的"选择"|"反选"命令，然后执行菜单中的"滤镜"|"模糊"|"径向模糊"命令，在弹出的窗口中设置参数，如图6-32所示。

完成以后取消选择，得到最终场景效果如图6-33所示。

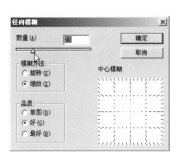

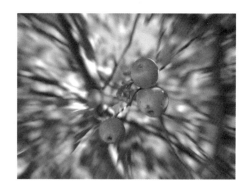

图6-32　应用"径向模糊"滤镜　　　　　图6-33　实例的最终效果

通过前面两个章节的学习，我们可以看到，无论使用哪种方式，都能有效地将作品的主体对象表现出来。实际上，在Photoshop中还有很多方法来表现主题，这就在于大家对软件功能的发掘以及技巧的总结了。

6.5　运动残影效果

对于目前市面上的大多数DC来说，一般都设有"运动模式"来完成运动中对象的拍摄。但是即使使用这种模式，也往往难以准确地捕捉正在运动中的对象。那么，对于想体现运动中的物体，实际上也可以使用Photoshop来完成，而且操作起来比较简单，下面介绍一下具体操作方法。

（1）打开照片。首先，在Photoshop中打开本书配套光盘中的"第6章/6-34.jpg"文件，如图6-34所示。这张照片拍摄的是水塘边的鸭群的效果，下面想通过Photoshop中的相应功能，将鸭群的运动感体现出来，而又不影响视觉的表达，这样就需要使用滤镜中的"运动模糊"来实现了。

图6-34　打开照片

（2）创建选区。在应用"运动模糊"以前，首先需要将"鸭群"选择出来。在工具箱中选择"多边形套索"工具  ，同时设置工具选项栏中的"羽化"数值，然后对场景中的对象进行选取，如图6-35所示。

图6-35　选择对象边缘

圈选完成以后，此时场景中的选区效果如图6-36所示。需要注意的一个问题是，选择的时候不用细致。将紧邻"鸭群"的一部分风景进行选择，对后期形成运动效果的真实性有较大的帮助。

图6-36　选择完成后的场景

完成选择以后，还需要将前景部分的部分鸭子从选区中剔除出来，这样用它们进行对比，更能体现出其他鸭群的运动。所以仍然使用"多边形套索"工具，然后使用"布尔运算"按钮中的"从选区中减掉"按钮，对前景中的部分"鸭子"进行减选，完成以后的效果如图6-37所示。

（3）使用"动感模糊"。下面就可以对选区中的"鸭群"应用运动模糊的效果了。确定选区存在的基础上，选择菜单中的"滤镜"|"模糊"|"动感模糊"命令，在弹出的窗口中设置运动的方向性和运动的参数，如图6-38所示。

图6-37　进行选区相减　　　　　图6-38　使用"动感模糊"滤镜

确定以后回到场景中，取消选择，完成本节示例的制作，最终效果如图6-39所示。

图6-39　实例的最终效果

6.6　刻画浅景深

景深是在摄影中实现完美影像效果一项重要的功能，在实际拍摄中，如何巧妙地运用景深，如何通过景深表现作品的主题，是所有摄影爱好者在开始学习摄影过程中都需要熟练掌握的本领。本节我们将从景深的基本理论出发，为大家介绍一下如何在摄影中实现景深以及如何使用Photoshop来完善景深。

1. 景深

景深是指在镜头聚焦调节中，所成影像最远部分和最近部分之间的距离，而这部分画面应该具有可以接受的清晰细节。在实际操作中光圈越大，景深越小；光圈越小，景深越大。此外，景深还有两个重要的效应：微距拍摄时的景深比被摄体在较远的位置的时候要小；如果在光圈和景物距离都相同的情况下，镜头的焦距越长，得到的景深越小。所以大家现在便可以得知，景深大小（也被称为深浅）的控制其实也就是对光圈大小的控制。

下面我们来看一下景深在照片中的运用，以及它所表现的效果。

对比图6-40和图6-41这两张照片，我们不难看出它们的拍摄对象都是相同的，只是两个拍摄主体处在不同的空间（即一前一后），那么我们通过合理的运用光圈的大小来控制景深，便可以突出我们想要拍摄的主体的那一层空间，而其他空间的物体则会变得虚化。这两张照片正是分别对应一前（叶子）一后（铁轨）两个空间物体来拍摄的，而它们的效果也表现的完全不同。如果虚化的部分越模糊，则我们便称这时的景深越浅，反之则景深越深。

图6-40　以树叶为焦点的景深

图6-41　以铁轨为焦点的景深

2. 景深与焦距、光圈的关系

上面简要分析了摄影中景深的理论知识，可能对很多初学者来讲比较艰涩难懂。实际上，即使不完全明白，也不影响我们在摄影中应用景深，因为只要明白了景深范围大小与镜头和焦距之间的关系就可以了。

景深范围的大小与镜头的光圈大小、焦距的长短以及调焦距离的远近相关。当摄影镜头的焦距和调焦距离不变时，光圈越小（即光圈系数越大），所拍摄画面的景深越大，前后景深范围也就越大；反之，光圈越大（即光圈系数越小），景深则越小，前后景深的范围也就越小。

如图6-42和图6-43所示，被摄体完全相同，使用的焦距和调焦距离也相同，唯一不同的是图6-42使用了F2.8的光圈，而图6-43使用了F8的光圈，从两幅图像可以看出来，前者的景深要比后者小，也就是说前者的背景模糊程度比后者要强一些。

当摄影镜头的光圈和调焦距离不变时，镜头的焦距越短所拍摄画面的景深越大，前后景深的范围也越大；反之，镜头焦距越长，景深就越小，前后景深的范围也就越小。

图 6-42　F2.8 光圈下的景深效果　　　　　图 6-43　F8 光圈下的景深效果

如图 6-44 和图 6-45 所示，拍摄的仍然是同一个场景，两幅照片使用的都是 F8 的光圈，但是使用的焦距长度不同，图 6-44 使用的是 4 倍变焦，而后者使用的是 10 倍变焦，从两幅图的比较可以看到，前者的景深要比后者大一些，也就是说图 6-44 中的图像清晰面积要比后者多。

摄 影 知 识

我们注意到图 6-45 要比图 6-44 显得曝光更强，这是由于前者使用了 F8 的光圈，与后者使用 F2.8 光圈相比，则需要更长的曝光时间，所以显得亮度更高一些。

图 6-44　4 倍变焦下的景深效果　　　　　图 6-45　10 倍变焦下的景深效果

3. 浅景深的魅力

根据前面章节的介绍，我们知道，通过相机取得大景深比较容易。但是仅满足于所有的影像都清晰，却是远远不够的。由于自然界的景物丰富繁杂，在拍摄时常常无法避开一些杂乱的景物，如果让这些景物与主体一样清晰突出，势必会干扰主体。这时学会使用浅景深突出主体和相关景物，并虚化一些景物，我们的照片就会变得更富有层次。

如图 6-46 所示，拍摄对象是被覆盖了雪以后的植物。由于背景对象较多，使用大景深进行处理，势必要影响主体对象的表达。这个时候恰如其分地应用景深，将使作品主题得到升华。

获得小景深的主要方法是开大光圈，并向你所要突出的主题仔细对焦，让其他无关紧要或是杂乱的物体变得模糊而不可辨认，只作为一种抽象的形式空间来陪衬主体。

图 6-46　浅景深效果（1）

在有些情况下，虽然可能面对相同的对象，但是由于这些对象形成一定规律排列的效果，比如平行结构。此时应用浅景深，可以收到意想不到的效果如图 6-47 所示。

图 6-47　浅景深效果（2）

摄影知识

拍摄平行结构对象的时候，最好采用图6-47所示的斜线构图的方法，才能比较好的体现出景深的效果，而且在斜线构图中，尽可能地增加平行对象的数量，从而形成视觉的冲击力。

在实际拍摄中，可以将焦点对在前景的主体上，让模糊的远景在画面上产生空间透视感，并在最大限度上降低对主体的干扰。这时候，杂乱的远景在虚化之后会形成某种质感效果，使画面变得更耐人咀嚼。我们也可以将焦点对在中景的主体上，让前景和背景同时模糊，形成对主体的一种明确的视线引导作用。

如图 6-48 所示，拍摄的对象是一组花朵的效果。在景深的设置上，就采用了上述所讲的前后景深一起进行运用的方法，所以从整体的效果上可以看出来，无论是色彩还是构图，都形成了立体上的前后呼应，对浏览者形成了视觉的引导作用。

图 6-48　浅景深效果（3）

4. 制作数码照片的浅景深

在上面的章节中，我们对摄影中景深的问题进行了简单地介绍。对于大多数的相机来讲，都可以应用光圈以及焦距进行景深的拍摄，只不过由于相机的差别，从而导致拍摄出来的照片有景深的深浅罢了。而对于一幅照片来讲，浅景深的效果更能体现出作品所表达的内涵以及感染力。对于很多使用小变焦相机的爱好者，往往对这种浅景深望尘莫及。实际上，在 Photoshop 中，也可以使用相应功能来模拟照片的浅景深效果。本节，我们就来研究一下如何使用 Photoshop 模拟照片中的浅景深效果。

（1）打开照片。首先，在 Photoshop 中打开本书配套光盘中的"第 6 章/6-49.jpg"文件，如图 6-49 所示。在这幅照片中，由于景深不够浅，导致背景看起来过于杂乱，下面考虑使用 Photoshop 中的"镜头模糊"滤镜对景深重新进行处理，而让照片的效果更好。

图 6-49　打开照片

（2）创建选区。下面，需要首先将所有背景区域选择出来，这样才便于运用"镜头模糊"。在工具箱中选择使用"多边形套索"工具 ，配合工具选项栏上面的"羽化"设置，然后回到场景中对中间的花朵进行圈选，如图 6-50 所示。

图 6-50　选择主体对象

完成选择以后，选择菜单中的"选择"丨"反选"命令，将得到场景中所有的背景部分，如图6-51所示。

图6-51　进行选区反转

（3）使用"镜头模糊"。接下来对选区中的背景部分进行浅景深的处理，选择菜单中的"滤镜"丨"模糊"丨"镜头模糊"命令，在弹出的窗口中进行相应参数的设置，具体参数如图6-52所示。

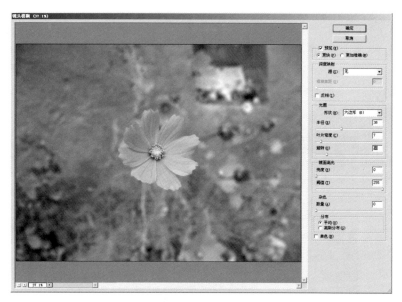

图6-52　使用"镜头模糊"滤镜

确定以后回到场景中，取消选择区域，得到的示例的最终效果如图6-53所示。

对于"镜头模糊"的使用来讲，参数的配合设置往往不是唯一的，通过各类参数的调整，往往可以收到不同的效果，希望大家在应用中能够发现更多技巧。

软 件 技 巧

"镜头模糊"滤镜是Photoshop 从 CS 版本以后新增的一个模糊工具，主要用于制作场景的浅景深效果，由于是针对摄影中的模糊方式而设置，所以制作效果看起来显得更加真实和自然。在"镜头模糊"滤镜中，最主要的参数为"半径"，该参数用于控制模糊的程度

图 6-53　实例的最终效果

5．渐变景深

上一节中，我们简要的介绍了使用 Photoshop 制作浅景深的方法。在上文中，景深效果作用在一个平面内，换句话说，除了主体部分以外，背景的模糊程度都是相同的。实际上，在使用相机拍摄出的照片中，景深仍然是有一定变化的，景物距离镜头越远，模糊的程度应该更大才对，所以对于背景所有对象不是在一个平面内的照片，使用上述方法则不会产生真实的效果。

（1）打开照片。打开本书配套光盘中的"第 6 章 /6-54.jpg"文件，如图 6-54 所示。下面，我们想对这幅照片制作浅景深的效果，焦点选择在照片下方的石头上，对上方对象应用模糊。但是注意到由于上方部分的对象有远近的差异，所以最好不要形成完全一样的模糊效果，那么我们在进行选择的时候，就应该选择特殊的选择方法才可以。

软 件 技 巧

除了使用"快速蒙版"获得渐变选区以外，也可以使用图层蒙版来完成，两种方法性质相同。

图 6-54　打开照片

（2）创建选区。单击工具箱下方的"以快速蒙版模式编辑"按钮，如图

6-55 所示。关于快速蒙版的使用方法在前面曾经介绍过，它主要用于进行场景对象的快速选择。

图 6-55　转换到"快速蒙版"状态

接下来，在工具箱中选择"渐变"工具 ![icon]，然后将工具选项栏中的渐变颜色设置为"白色－黑色"的渐变方式。然后进入到场景中，从上向下拖动出一条渐变线，如图 6-56 所示。黑色对应场景中以红色进行覆盖，白色为图像本来颜色。

图 6-56　进行渐变填充

完成以后，再次单击工具箱下方的"以标准模式编辑"按钮，回到场景中，此时注意观察场景中的变化，白色的部分将变成选区，黑色的部分为非选区，虽然目前呈现在我们眼前的选区为一个固定范围，但是应该知道此时的选区为过渡效果，如图 6-57 所示。

（3）使用"镜头模糊"。下面，对选区进行"镜头模糊"操作，选择菜单中的"滤镜"|"模糊"|"镜头模糊"命令，在弹出的窗口中设置参数如图 6-58 所示。

作者心得

在这个步骤的操作完成以后，后期将把场景中的颜色转换为模糊。其中红色为保持图像本来面目，而红色覆盖得越少，则模糊程度越大。所以照片上方则呈现完全模糊效果，而下方则保持清晰。

图 6-57 回到"标准模式"状态

图 6-58 使用"镜头模糊"滤镜

完成参数设置以后，回到当前场景中并取消选择，本节示例就制作完成了，最终效果如图 6-59 所示。

图 6-59 实例的最终效果

6.7 人造星光镜

在使用数码相机进行夜景拍摄时，尽可能地获取灯光光芒的效果是常用的技巧。通过这种方法，可以有效地体现出城市的繁华。针对这个问题，往往需要在拍摄过程中将相机的光圈尽量减小，如图 6-60 所示，使用了 F = 8 的光圈数值，配合三角架的帮助，从而得到图像清晰、星芒突出的夜景效果。

图 6-60 使用 F8 光圈拍摄的夜景

除此之外，如果条件允许，也可以在镜头前面加装"星光镜"，效果将更为绚烂，如图 6-61 所示。

图 6-61 使用星光镜拍摄的夜景

数码相机本身具有特色操作，使得我们有一些不同于传统相机的拍摄技巧。如在微距摄影方面，数码相机相对传统相机来说具有很大的优势；而在夜景拍摄方面，数码相机就显得稍微困难一些，如图 6-62 所示的照片，由于使用手持的方式，为了保持更快的快门速度，所以只能使用 F = 2.8 的光圈数值，导致星芒不可见，拍摄出来的照片平淡无奇。如果大家很欣赏前面的星芒效果，也完全可以在 Photoshop 中后期为场景添加这种效果。下面，我们介绍一下这种人造星光镜的具体操作方法。

（1）打开照片。首先打开如图 6-62 所示的照片。

（2）使用"多边形"工具。我们将使用 Photoshop 的自定形状工具为场景添加星芒的基本效果。进入到右侧图层控制面板中，单击下方"新建图层"按钮创建一个新的空白图层，用于承载

图 6-62　打开照片

星芒所在的图层；进入到工具箱中将系统前景色设置为白色，并选择使用"多边形"工具 ◯，并在上方工具选项栏中设置参数如图 6-63 所示。

图 6-63　设置"多边形"的参数

下面，进入到场景中，在一盏路灯上拖动鼠标创建一个星芒效果，如图 6-64 所示。基本效果就可以完成了，其实 Photoshop 形状工具中仍然有很多值得我们深度挖掘的功能，希望大家能够注意。

图 6-64　绘制星芒

软件技巧

"多边形"工具属于矢量绘制工具，它与"矩形"工具、"椭圆形"工具、"直线"工具和"自定形状"工具位于同一组中，快捷键为"U"。

（3）修改图层混合模式。目前星芒存在的问题还有很多，首先一点就是色彩上与场景的环境不太符合。这一点我们可以重新对星芒进行色彩填充，或者调整星芒所在图层的混合模式都可以完成。相对来讲，后者要显得更加便捷一些。进入到右侧图层控制面板中，将星芒所在图层的混合模式设置为"叠加"，此时场景的效果将如图 6-65 所示。

图 6-65　设置图层的混合模式

（4）使用"高斯模糊"。现在感觉星芒还过于清晰，这需要使用"高斯模糊"就可以获得很好的效果。选择菜单中的"滤镜"|"模糊"|"高斯模糊"命令，在弹出的窗口中设置参数如图 6-66 所示。

图 6-66　使用"高斯模糊"滤镜

确定以后回到场景中，我们可以按照上述的方法，分别为其他路灯加上星光，需要注意一下路灯的远近与星芒的透视关系，阵列在一起以后的效果显得比较真实并具有视觉冲击力，本节示例的最终效果如图 6-67 所示。

作者心得

目前许多中高档数码相机都提供P（自动）、A（光圈优先）、S（快门优先）、M（手动）曝光的拍摄模式，此外大多数的数码相机都提供了场景拍摄模式，最常见的模式就是夜景模式和微距模式两种，还有一些数码相机提供了更细致丰富的场景模式，甚至可以获得傍晚、深夜拍摄模式等功能。通过这类夜景模式一般情况下都能取得满意的效果，对于大多数的数码相机新手来说，采取这个方式进行夜景拍摄是最简单可行又具有保障的方法，不过需要注意的是，某些数码相机在夜景模式下不能同步进行闪光操作。

夜景拍摄的注意事项：
一般数码相机不配备镜头遮光罩，因此在靠近光源进行摄影时，务必小心光斑的产生，可以用简单的物件进行遮挡。

拍摄时，应选取 LCD（液晶显示屏）进行取景。考虑到耗电问题，一般使用光学取景器进行取景，使用 LCD 进行构图确认。在黑暗环境下进行拍摄时，显示屏不能很好地完成工作，应该选用光学取景器取景。

外出拍摄时，应带足电池和活动存储器，不拍摄时应关闭 LCD 显示屏。

一定要带上三脚架，手持拍摄会大大影响最终影像的效果，采用自拍功能或者遥控拍摄降低抖动带来的影响。

LCD 显示屏所显示的效果不是最终的照片效果，一般要比实际照片明亮得多，要在电脑上进一步观察判断。

图 6-67 实例的最终效果

除了将上述操作得到的效果应用到夜景照片中以外，也可以将这种方法在对象的反光中使用。很多被摄体的表面，如玻璃、水面等对象都会反射阳光，造成一些眩目的光线，如图 6-68 和图 6-69 所示。对于这种照片，如果在前期拍摄的时候，并没有体现出光线的效果，完全可以通过后期使用本节介绍的方法进行添加。

图 6-68 冰溜对光反射形成的星芒

图 6-69 水对光反射形成的星芒

6.8 营造体积光

在现实生活中，可以将光线作为一种视觉对象添加到摄影作品中。这种方法往往可以在照片中形成一些特殊的效果，操作起来也不是很麻烦。例如，在茂密的森林中，或者一个有天窗的黑暗屋子里面，体积光随处可见。由于光的作用，在上述环境中，阳光投射一束光线下来，从而产生静谧的效果，在这种情况下拍摄出来的照片，往往具有强大的视觉冲击力。

如图 6-70 所示，黄昏十分，拉萨寺庙中的一个酥油灯室，一抹阳光从天窗中直射下来，光线强而有力，增加了作品的视觉效果。

图 6-70　体积光效果（1）

摄影知识

要想在照片中产生体积光需要具备以下几个条件：拍摄时间最好选择正午以后，因为此时光线比较强烈，具有穿透力；选择封闭性好，空间较暗的室内；拍摄时候让镜头侧对窗口；为了保证拍摄质量，最好使用三角架。

　　如图 6-71 所示，清晨的阳光也具有同样的魅力，在较暗的半封闭空间中，拍摄窗户附近的景物，此时体积光清晰地洒落在对象表面，从而增强了视觉的感染力。

图 6-71　体积光效果（2）

　　对于大多数拍摄环境来讲，这种体积光效果一方面要求摄影爱好者具有较强的观察力，另一方面要求拍摄者设置准确的快门和光圈数值，所以想获得理想的拍摄效果，仍然是需要大家付出一定代价的。对于想在照片中体现这种体积光，使用 Photoshop 进行后期的处理也是一种不错的选择。

　　（1）打开照片。首先，在 Photoshop 中打开本书配套光盘中的"第 6 章

/6-72.jpg"文件，如图6-72所示。这是一幅普通的风景图片，下面使用它来介绍一下体积光效果的制作。

图6-72　打开照片

（2）创建选区。与上一节介绍的星芒制作方法类似，体积光的获得也要先通过软件的相应功能获得基本的对象，之后再对其进行细致化地处理。进入到右侧图层控制面板中，单击下方"新建图层"按钮，创建一个新的空白图层；在工具箱中单击"矩形"选框工具，并在场景中创建一个矩形选区，如图6-73所示。

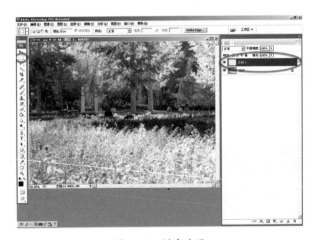

图6-73　创建选区

（3）填充选区。接下来，将系统前景色设置为白色，然后使用"油漆桶"工具对场景中的选区进行填充，如图6-74所示。

图6-74　填充选区

（4）使用"高斯模糊"。按键盘的"Ctrl + D"键取消选择，这个对象将作为我们制作体积光的基本形体。下面考虑对其进行编辑，从而让其更接近真实的阳光效果。首先对其边缘进行模糊化处理，选择菜单中的"滤镜" | "模糊" | "高斯模糊"命令，在弹出的窗口中设置参数如图6-75所示。

图6-75 使用"高斯模糊"滤镜

（5）变换选区对象。确定以后回到场景中，此时形体的边缘已经基本符合阳光光线的边缘效果了，下面再对其形状和位置进行基本处理。按键盘的"Ctrl + T"键进行对象的自由变换，将鼠标放在变换框内单击鼠标右键，在弹出的菜单中选择"透视"命令，如图6-76所示。

图6-76 进行自由变换

下面，分别移动变换框的四个控制角点，将形体处理成如图6-77所示的透视效果。

作者心得

在使用"高斯模糊"以前，应该首先将场景中的选区去掉，否则"高斯模糊"完成以后的像素将受到选区限制，从而使后期光线的形状受到影响。

图 6-77　改变透视效果

确定以后再次执行自由变换命令，然后对对象进行移动和旋转，将其放到角点的位置，并让其倾斜向下，如图 6-78 所示。

图 6-78　调整方向

（6）修改图层混合模式。调整体积光的颜色，与上一节相同，为了让体积光与周围的环境融合到一起，所以应该调整体积光所在图层的混合模式。进入到图层控制面板中，将体积光所在的图层混合模式设置为"叠加"一项，如图 6-79 所示。

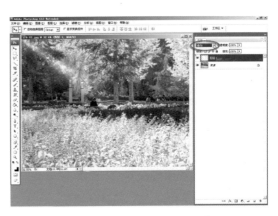

图 6-79　设置图层的混合模式

这时候如果感觉光线不够强烈，也可以将当前图层进行复制，并适当修改图层的不透明度，力求让制作的光线真实并自然，如图6-80所示。

图6-80　修改图层的不透明度

按照同样的方法还可以在大致相似的位置添加几条光线，这些都可以由读者按照各自的想法自由的发挥，本节示例的最终完成的效果如图6-81所示。

图6-81　实例的最终效果

6.9　全景拼接

我们在网上浏览的时候，会发现一些画幅在水平方向比较宽的照片。这些宽画幅的照片往往可以最大限度地体现出被拍摄风景的全貌。

但是在很多情况下，由于相机本身功能的限制，或者拍摄对象与拍摄地点的原因，导致无法得到所需的宽幅照片，这个时候可以借助于Photoshop的自动化图像拼接功能，自动将几幅照片轻松地拼接到一起，从而体会到Photoshop的智能化功能。

作者心得

要想得到两个图层互相融合的效果，使用图层混合模式是一个不错的方法；在应用图层混合模式以后，往往图层会显示得比较淡，此时可以通过对图层进行复制，加强图层的显示；如果显示过于强烈，则再调整图层的不透明度。

目前有些数码相机本身带有全景拍摄功能，通常都是在取景和曝光控制方面给予用户有效的帮助，以下几类数码相机就是其中的佼佼者：佳能 Power Shot 系列、奥林巴斯 Camédia 系列、卡西欧 QV 系列等。

还有一些数码相机，它们本身没有提供专门的全景拍摄模式，不过只要掌握拍摄技巧后也同样能够制作出漂亮的全景照片。无论是使用本身具有全景模式的数码相机，还是使用不具备全景模式的数码相机进行拍摄，都必须注意并掌握以下一些技巧，这对于前期的拍摄以及后期的电脑处理都有帮助。首先我们来看一下使用数码相机拍摄全景照片必须牢记的一些基本原则。

首先，在拍摄全景照片所需素材的时候，尽量使用手动模式，力求对于所有使用的素材都统一光圈以及快门的数值。我们知道，在导入这些素材图像以后，除了对它们的位置以及大小进行调整以外，色彩亮度的同意也是一个重要的问题，而采用相同的快门以及光圈，可以保证它们亮度的统一。

其次，所拍摄对象最好是静态对象，如风景、建筑等，而避免拍摄走动的人物，街道上行驶的汽车，因

使用 Photoshop 拼接全景图，在 CS2 以前的版本来讲显得比较麻烦，因为我们需要手动对每幅照片进行对齐操作。在 CS2 版本以后，新增了"图像拼接"的自动化智能工具，将我们从繁重的工作中解脱出来，而且目前使用的 CS3 版本又对这一功能进行了加强，从而让全景图像的拼接变得充满了乐趣，从此宽幅影像不再是普通摄影爱好者的梦。

首先，打开 Photoshop，选择菜单中的"文件"|"自动"|"Photomerge（图像拼接）"命令，如图 6-82 所示。

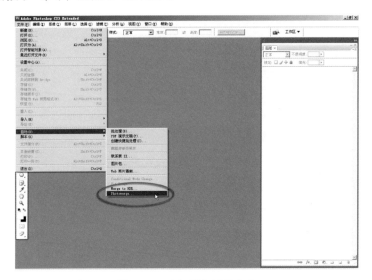

图 6-82　运行图像拼接命令

接下来将弹出如图 6-83 所示的工具运行界面，在当前界面内单击"Browse（浏览）"按钮，在弹出的窗口中打开本书配套光盘中的"第 6 章 / 拼接"文件夹下的三幅照片，它们分别如图 6-84 ～图 6-86 所示。这是作者站在同一个位置对西宁城市全景进行的拍摄，下面将使用 Photoshop 的"图像拼接"自动化形成全景画幅的照片。

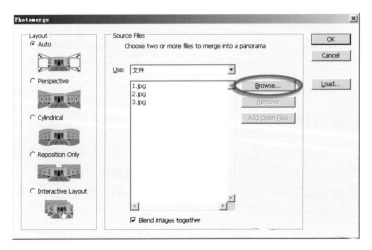

图 6-83　软件的运行界面

图 6-84 拼接素材（1）

图 6-85 拼接素材（2）

图 6-86 拼接素材（3）

为后者这些对象，对于后期的接片，即使使用 Photoshop，操作起来也比较困难。

上面简要介绍了在拍摄素材过程中应该注意的一些问题，在掌握这些基本的要领以后，就可以使用手中的相机获取所需的各种图像素材了，后期可以使用 Photoshop 进行拼接。

作者心得

Photoshop 在进行拼接全景图的时候，会自动的查找照片的序列编号和名称，并按照该名称对照片依次拼接，所以在制作全景图以前，最好将素材图像按照拍摄的顺序进行命名，这样才不会出现错误。

在当前窗口中，我们可以从左侧选择拼接的方式，其中第一项为“Auto（自动）”相对简单也方便，完全靠软件自动来完成照片的拼接；下方分别有“Perspective（透视拼接）、Cylindrical（圆柱拼接）、Reposition Only（保持原位拼接）三种可选择的照片透视方式；最后一项用于手动调整动态图层的拼接方式。一般来讲，对于照片没有太大问题的情况下，我们都使用第一项进行照片的拼接，所以在上面的窗口中，直接单击右上角的确定按钮就可以了。

经过一段时间的运算，Photoshop 将完成照片的拼接操作，这个过程由于照片大小的不同有一定的差别，但是都无需我们在中间介入操作，从中可以看出 Photoshop 的智能化工具真的非常实用且高效，完成拼接以后的效果如图 6-87 所示。

作者心得

对拼接完成的照片除了裁切和调整透视以外，还需要对照片结合部位的接缝进行色调的调整，接缝位置容易出现色调的偏差，并容易让观察者发现破绽，所以应该尽量将这些位置的明暗过渡好。

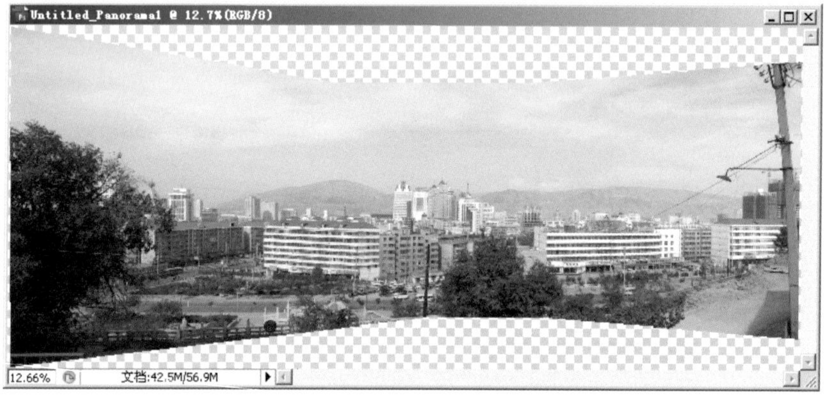

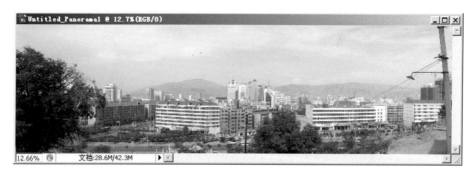

图 6-87　完成拼接后的基本效果

从图中可以看出，拼接出来的效果还是比较理想的。最后，仍然需要我们进行处理一下，这个过程一般只需要进行裁切和调整透视就可以了，最终效果如图 6-88 所示。

图 6-88　经过处理后的最终效果

6.10　使用“动作”功能批量处理数码照片

在上一节中为大家介绍了使用 Photoshop 的图像拼接功能进行全景画幅照片的拼接，从中可以看出 Photoshop 的自动化智能工具确实是一项重要的功能。实际上，Photoshop 这个软件中的自动化功能远不止这一项。本节将为大家介绍一项与图像拼接很相似的功能——动作。

本章介绍了很多照片效果的实现功能，这些效果往往需要配合很多的工具和命令才能获得。在实际工作中，同一类型的照片往往很多，如果对于每幅照片都进行同样繁琐的操作就显得效率过低。实际上，在 Photoshop 中，我们也可以对照片进行批量处理，这就是"动作"的神奇魅力了。

动作，是将在 Photoshop 里面为实现某个目的而执行的一些步骤录制下来，以便于应用到其他影像上，来节省不断重复的动作所花费时间的一组功能。如在 Photoshop 制作一个简单的边框效果，在制作过程中，当然需要一些步骤才能实现。而 Photoshop 可以将这些步骤记录下来，然后可以随意地应用到其他图像中。下面，我们就来详细地介绍 Photoshop 中动作的使用方法。

1. 动作的录制与应用

下面，我们通过一个简单的示例来说明如何进行动作的录制，以及将录制的动作应用到其他照片中的方法。这个实例使用本章"6.2 反转片负冲"制作反转片的教程来进行说明。

（1）打开照片。在 Photoshop 中打开 6-8.jpg 文件，并且将动作控制面板打开，如果它没有出现在右侧，可以执行菜单中的"窗口"|"动作"命令，将其打开，如图 6-89 所示。

图 6-89　打开照片和动作控制面板

（2）创建动作。下面将进行照片反转片的制作。在开始制作以前，需要将下面制作的所有步骤录制下来，单击动作控制面板下方的"创建新动作"按钮，然后在弹出的窗口中设置动作名称以及所属的动作组，如图 6-90 所示。

在 Photoshop 中，并不是所有的操作步骤都能被动作所记录。如画笔，可以指定选用笔触的类型或者大小，但却不能录制笔触，也就是说当在影像上涂画时，任何笔画都不会记录在动作里面。而所谓的笔触工具都集中在工具箱中，包括："画笔"工具、"橡皮擦"工具、"涂抹"工具、"模糊"工具、"锐化"工具、"减淡"工具、"加深"工具和"海绵"工具。

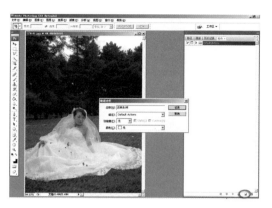

图 6-90　新建动作

（3）记录动作。然后单击窗口右上角的"记录"按钮，回到场景中，此时动作控制面板下方的"路径"按钮，将呈现按下的状态，如图 6-91 所示，那么接下来对图像进行的任何修改都将被动作控制面板所记录。

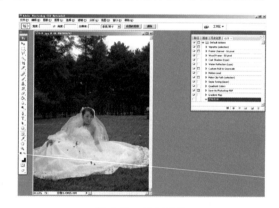

图 6-91　录制动作

接下来，大家可以按照本章 6.8 中制作反转片的步骤，对当前场景中的照片进行处理，具体操作步骤由于在前面介绍比较详细了，在此就不再为大家说明了。在将制作反转片所需操作的命令都执行完毕以后，此时可以进入到动作控制面板中，单击下方"停止播放 / 录制"按钮，结束动作的路径，如图 6-92 所示。

图 6-92　结束动作的录制

（4）应用动作。这样就获得了一个自定义的动作模块，我们可以将这个动作应用到其他照片中，而不用再进行重复操作，在场景中打开一幅照片，如图6-93所示。下面对这幅照片制作反转效果，直接应用动作就可以了。

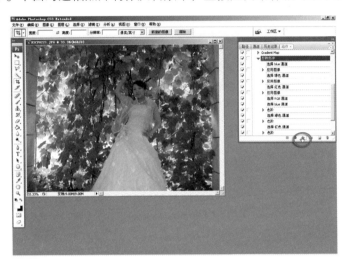

图6-93　对其他照片应用动作

进入到动作控制面板中，单击面板下方的"播放"按钮，此时所有前面录制的命令依次将执行。一段时间以后，图像的反转片效果就自然形成了，如图6-94所示。

图6-94　执行动作后的照片效果

从上面的演示可以看出来，对于动作的应用，只在第一次录制的时候稍微麻烦一点。一旦录制成功，后面的操作就非常方便了，可以说是一个一劳永逸的过程。

2．安装光盘中的动作

在随书光盘中提供了一些用于照片处理的动作集，主要是一些照片处理的常用效果以及照片边框，我们可以从本书配套光盘下"资源"文件夹中找到这些文件，下面介绍一下如何对它们进行安装。

例如，将"数码照片反转片.atn"复制到"X:/Adobe/Photoshop CS 3/Presets/Actions"（读者本地机器的 Photoshop 文件夹），它是 Photoshop 用于管理"动作"的文件夹，如图 6-95 所示。

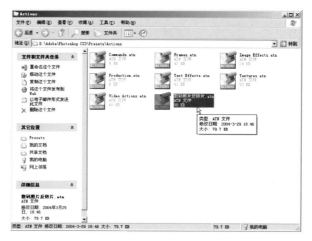

图 6-95　Photoshop 中管理动作的文件夹

完毕以后，启动 Photoshop，选择菜单中的"窗口"|"动作"命令，打开动作控制面板，单击右上角的小三角，将在下方菜单中找到"数码照片反转片"的动作集，如图 6-96 所示。

载入以后单击打开，将在下方出现用于制作照片反转片的各种效果，如图 6-97 所示。

图 6-96　新增动作所在的位置

图 6-97　动作列表

在本书后面的附录中，有为大家演示的各种数码照片动作，大家可以参考使用，相信会为大家进行数码照片的处理提供方便。

第 7 章

对照片进行个性化设计

在本书前面的章节中，我们为大家系统地介绍了使用 Photoshop 进行数码照片后期处理的相关知识。相信通过这些内容的学习，读者一定可以使用这些技巧对照片进行修缮、处理以及美化，从而形成一幅幅精美的作品。

除了前面介绍的这些知识以外，我们也希望这些照片在日常生活中为我们添加更多乐趣，这就涉及对照片进行一些个性化的设计。例如，将照片制作成动人的贺卡、制作成有个性的名片、用照片制作月历并将其放在桌面上等，这些实用并且贴近生活的技巧，都将在本章为大家系统介绍。

虽然 Photoshop 可以实现上述所介绍到的大多数功能，但是目前市面上也涌现出一些专业性和针对性较强的实用软件，所以本章我们可能要摒弃前面一直学习的 Photoshop，来了解一下这些专业软件的使用。虽然它们针对性比较强，但是在使用上还是非常简单的。有前面 Photoshop 的操作基础，再来学习这些软件，就显得游刃有余了。

7.1 制作配乐电子相册

将照片制作成电子相册，并且刻录成光盘送给亲朋好友，让他们在方便地欣赏杰作的同时，还有美妙的音乐相伴，无疑是一件温馨的事情。

目前市面上可以制作电子相册的软件如雨后春笋般不断涌现，其中不乏佼佼者。从各个方面的横向对比来看，"魅力四射"（Medi@Show）的功能相对要强大一些，而且在操作上显得更加便捷。

"魅力四射"是"讯连科技（http://cn.cyberlink.com/）"研发的多媒体简报制作软件，如图 7–1 所示。

它可以让我们既轻松又容易地制作出带有影音效果的多媒体相册，以整合影片、图片、声音等素材来制作，并且图片与图片之间可以非常容易地实现 3D 转场特效，也可在图片中加入飞舞效果的动态文字，当然也能够配上旁白或动听的音乐（v2.0 以上版本可使用 MP3 格式的歌曲或音乐），让相册更加生动。"魅力四射"提供超过五十种的串场效果和三十种以上字体动画效果，绝对可

软 件 信 息

"魅力四射"软件的官方网站为 http://cn.cyberlink.com/，软件目前最高版本为 3.0 版，软件全称为"Medi@ Show 魅力四射"。

以让我们制作的相册具有专业水准。而且这个软件可以提供多种导出格式，如 FLM、EXE、SCR（屏幕保护程序）、HTML 等档案格式。

图 7-1 "魅力四射"的启动界面

作 者 心 得

"魅力四射"这个软件支持最大界面显示为1024×768，所以如果显示器分辨率高于当前界面大小，将无法全屏显示，这不得不说是该软件的一个缺陷。

1. "魅力四射"的工作界面

首先，我们需要到"魅力四射"的官方网站获得该软件的有关信息。软件安装完成以后的程序界面如图 7-2 所示。表面上看，程序分为上下两个板块，上面中间部分是图像编辑区，下面部分是存放加载了图片的情节面板。

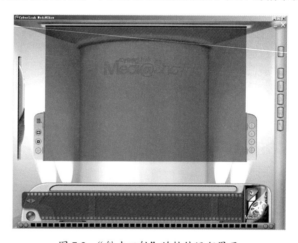

图 7-2 "魅力四射"的软件运行界面

除了界面分为上下两大块之外，"魅力四射"上半块左右两边还分别隐藏了功能菜单面板。当鼠标移动到左边部分，会弹出"魅力四射"程序的主菜单面板，如图 7-3 所示，功能选项包括：新建文件、打开项目、导入导出文件、录音、系统设置、播放设置等。

在左侧弹出的主菜单面板中，单击"导入"按钮可以把需要制成电子相册的所有图片都导入到程序中等待处理，导入后的图片可以显示在上半块中间图像编辑位置，如图 7-4 所示。

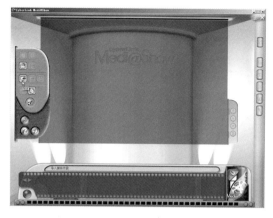

图 7-3　主菜单面板

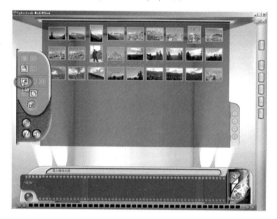

图 7-4　导入照片

　　导入到场景的图片不一定是电子相册应用的图片，要想电子相册应用这些图片，还需要用户自己从导入的这些图片素材中选择需要的，用鼠标把它们拖动到程序下方情节面板中才能够生效，如图 7-5 所示，或者选择要使用图片单击鼠标右键选择菜单中的"添加到情节面板"命令也可。只有情节面板上的图片才是电子相册使用的图片，同时电子相册的画面播放顺序也是按照情节面板上的图片先后排列顺序来演示的。

图 7-5　将照片添加到情节面板中

软 件 技 巧

在将素材图片添加到情节面板的时候，"魅力四射"支持 Windows 的文件操作方式，即可以直接对素材图片进行连续选择、全部选择和单击选择等方式。

在程序界面上半块的右侧，有一个素材和编辑功能的切换按钮，如图 7-6 所示，单击此按钮可以将选择的素材图片从浏览状态切换为编辑模式。

图 7-6　切换到编辑模式

切换为编辑模式的工作界面后，此时右侧面板的各个编辑按钮都处于可选状态，它们依次为"转场特效"、"文字特效"、"音乐特效"、"遮照特效"、"图像编辑"，如图 7-7 所示。

图 7-7　特效控制按钮

这些功能的具体使用方法是：在程序下方的情节面板中选择一张图片后，可以分别使用这些工具进行编辑处理。我们以文字特效为例，选择一张图像后，再选择"文字特效"工具，此时会弹出对应的工具面板，这样我们就可以用文字工具在这张图像上添加文字内容、设计文字属性和文字的动画效果了，如图 7-8 所示。

软件技巧

"魅力四射"中的"文字特效"工具相对来讲比较强大，可以选择各类字型、设置文字大小、设置文字转场，并能为文字增加一些特殊效果（投影、浮雕等），但是对有些字型的支持不理想，所以建议读者选择使用一些常用字体。

图 7-8 添加文字特效

当所有的图像都编辑好了之后，我们可以在程序左侧的主菜单面板中单击"导出"按钮输出电子相册作品了，如图 7-9 所示。

图 7-9 导出作品

2. 使用"魅力四射"制作电子相册

上面为大家介绍了"魅力四射"的基本功能和操作方式后，下面我们就以一组照片集为例，制作一个配乐的电子相册，便于大家掌握这个工具的制作流程和使用方法。

（1）置入图像素材。首先，我们需要准备好制作电子相册的所有图片，如果有必要应事先把所有的图像都在 Photoshop 中处理好，这样可以方便直接用"魅力四射"工具制作电子相册，而不是还要用它来处理图像了，另外，最好再

软件技巧

默认情况下，"魅力四射"创建的文档大小为 800×600 像素，所以对于导入到情节面板中的照片素材，在最终合成相册的时候，软件会自动将这些素材缩放到默认尺寸。因此，对于导入的素材来讲，可以适当地选择一些大于上述尺寸的照片，这样最终形成的相册效果才不会受到影响。

准备好一张可以作为"电子相册"封面的图片，这些照片都保存在本书配套光盘中的"第7章/电子相册/"文件夹下。单击"魅力四射"的"导入"按钮，如图 7-10 所示，把它们导入到程序中等待编辑。

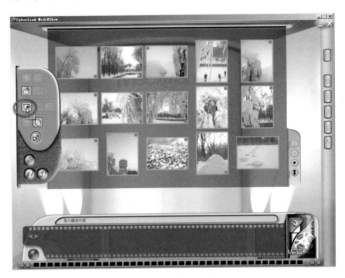

图 7-10　导入照片

（2）在情节面板上排序。由于导入的图像顺序并不一定是按照电子相册中的顺序来排列的，所以我们根据每张照片的内容，按照电子相册的播放顺序——把它们拖放到情节面板上，如图 7-11 所示。

图 7-11　将照片置入到情节面板中

（3）编辑照片。把所有的照片按照先后顺序添加到情节面板上以后，下面开始对每一张照片做细致的编辑工作了。首先编辑相册的封面，选择第一张图片，使用"文字特效"工具，在工具编辑界面的文字输入框中输入好文字的内容，如图 7-12 所示。

图 7-12　使用文字特效

（4）设置文字特效。在文字工具面板中，选择"T"字按钮，可以打开文字属性编辑窗口，这里我们能设置字体、文字大小、文字颜色等效果，如图7-13 所示。同时，文字属性设置具体内容也显示在"文字特效"工具面板中。

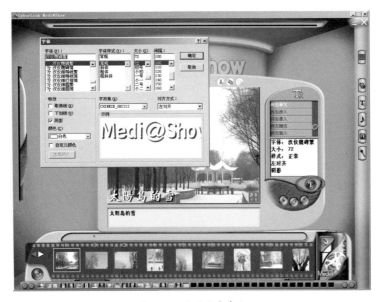

图 7-13　设置文字参数

"文字特效"最后的编辑步骤是设计文字的动画效果，"文字特效"工具面板上方是动画特效的效果选择区，如文字动画可以是"向上飞入"、"向下擦去"、"向下单飞"等，如图 7-14 所示。按照这个方法，我们可以在同一张图像上添加多组文字，不同的文字使用不同的动画特效，编辑好了文字特效后，单击工具面板上的"√"确定按钮应用该效果。

作者心得

从作者使用这个软件的情况发现，对于一些中文字体并不能很好地显示，往往出现乱码的情况。因此，如果想修改文字的字型，尽量选择一些兼容性比较好的字库，例如，汉仪字库或者文鼎字库。尽量使用简体字型，避免使用繁体字型。

图 7-14　设置文字动画

软件技巧

无论是文字特效还是
照片转场，如果想在
相册中体现多种方式，
而又对选择哪种方式
犹豫不定的话，可以
使用文字特效或者照
片转场中的"随机"
一项，这样由软件从
各种转场预设中随机
指定转场方式。

（5）添加转场。接下来，我们为图片之间添加转场效果。单击场景右侧的
"转场特效"按钮，打开转场效果编辑窗口，此时可以从特效列表中选择一个动
画效果，同时从这个窗口下方的预览区可以看到该变化动作的效果，如图 7-15
所示，仔细看一看该效果应用到该图片上以及前后两张图片切换时，是否过渡
自然，感觉还不错后单击"√"确定按钮。

图 7-15　设置转场特效

对于电子相册的每一张图片都需要设计转场特效，但有的可以不需要使用
文字特效，对于"魅力四射"的"遮罩特效"功能也一样，并不是所有的图像
都一定要使用它，挑选部分图像使用遮罩特效，可以让整个电子相册具有丰富
的故事情节。

（6）使用遮罩。下面可以选择需要添加遮罩特效的图片，然后选择该工
具，此时我们可以看到遮罩特效的功能实际上就是给图像添加一个边框而已，

如图 7-16 所示。如果要查看选择的遮罩模板效果，可以单击预览窗口左下方的"眼睛"按钮。

图 7-16　设置遮罩

另外，对于"图像编辑"和"声音特效"滤镜可以根据电子相册的需要来使用，也可以不用，本节实例的效果就不需要应用这两项特效。

（7）设置延迟时间。把所有的图像都编辑好之后，可以单击情节面板前方的"摄影机"图标预览电子相册效果，如图 7-17 所示。

图 7-17　使用"摄影机"预览相册

预览之后，发现某些图片的画面停留时间太长，或者有些画面的停留时间太短，我们可以再进行时间调节。选择要调节时间的图片，然后在编辑模式中场景图像的下方可以看到有一个滑动按钮，如图 7-18 所示，这就是调节该图片播放时间的工具。滑动按钮越左，停留该画面的时间越长；相反越右边停留的时间越短。鼠标指向滑动按钮图标时，下方还会显示文字说明解释当前设置的画面停留的时间。

图 7-18　调整照片的延迟时间

（8）添加背景音乐。最后是为相册添加背景音乐，我们为了统一电子相册的主题音乐，所以只在主菜单中的单击"播放设置"按钮，在其中添加背景音乐，而不是对每个文件进行声音特效编辑。在"播放设置"窗口中勾选"使用背景音乐"选项，然后指定一首 MP3 音乐文件（支持的音乐格式是 WAV、MP3、MIDI 三种），同时选择电子相册的播放模式是"自动"还是"手动"，以及是否循环播放，如图 7-19 所示。

图 7-19　使用背景音乐

（9）导出。相册编辑完成之后，单击主菜单中的"导出"按钮，将其输出为电子相册作品。在"导出"向导对话框中，可以选择把电子相册制作成演示文稿、刻录成 VCD/DVD、制成屏幕保护程序或自带播放器的 EXE 文件。要制成视频文件，可以选择"VCD/DVD/MPG 格式"选项，如图 7-20 所示。

图 7-20　设置导出选项

如果要把电子相册通过网络传阅，让其他好友也能欣赏，建议选择输出为带播放器的 EXE 文件，这样处理后的电子相册体积要稍小一些，播放时也不会遇到画面尺寸变形、图像压缩的问题，如图 7–21 所示。本节实例的最终效果就是使用了 EXE 文件进行了导出，大家可以打开本书配套光盘中的"第 7 章 / 电子相册 / 电子相册 .exe"文件进行观看和参考。

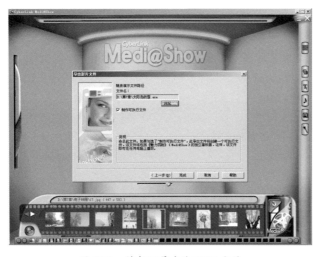

图 7-21　将相册导出为 EXE 文件

7.2　制作喜爱的屏幕保护程序

当我们在电脑面前想伸伸胳膊、活动活动筋骨休息片刻时，一定想要一个专门提供屏幕保护的服务生，希望他能毕恭毕敬地走到面前听从自己的召唤。有没有想过随心所欲地把自己喜爱的图片，像你与喜爱的人的合影、拍摄的一些风景照片、游览的名胜古迹等交给这个服务生去做？本节中，我们为大家介绍一个制作照片屏保的简单方法。

软件技巧

如果将电子相册保存为"DVD/VCD/MPEG 格式"的话，软件会自动对相册进行压缩，从而导致失真，为了保持原照片的效果，尽量不要使用这种方式，除非为了在电视中观看。

1. 使用“魅力四射”制作屏保

在上一节介绍的“魅力四射”中，我们注意到这个软件在导出的选项中，其中可以将视频存储为屏保，所以我们可以借助于这项功能，在获得电子相册的同时，将电子相册转换为屏保，可谓一举两得。

首先，我们需要在“魅力四射”导出的选项中选择使用“屏幕保护程序(.SCR)”，如图 7-22 所示。

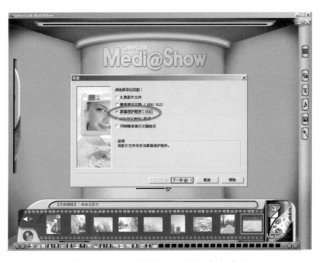

图 7-22　使用“魅力四射”导出屏保

接下来，在弹出的窗口中，设置屏保的名称以及保存位置，下方将“设置为系统默认的屏幕保护程序”一项勾选，则系统将把我们制作的屏保作为当前屏保使用，如图 7-23 所示。

软件技巧

“设置为系统默认的屏幕保护程序”一项被勾选，则“魅力四射”会将屏保直接保存在系统路径下，否则如果该项勾选去掉，则需要我们手动设置保存路径。

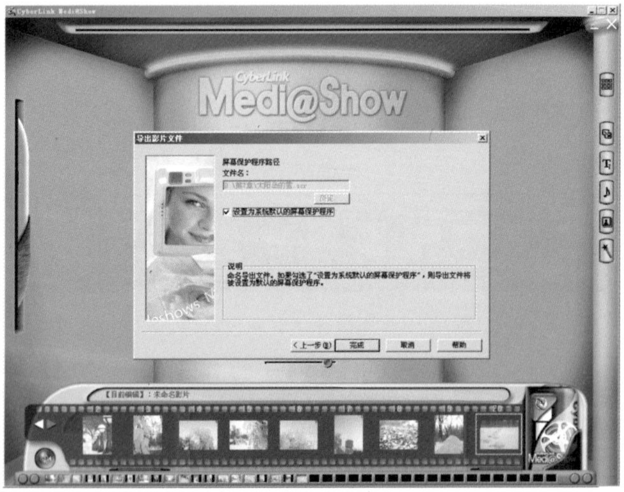

图 7-23　设置屏保保存路径

回到 Windows 窗口中，将“显示属性”面板调出，进入到“屏幕保护程序”选项卡下，我们前面制作的电子相册已经转换为系统默认的屏保了，如图 7-24 所示。

图 7-24　在"显示属性"中设置播放屏保

2. 使用"Screensaver Factory"（屏保工厂）

目前市面上可以制作屏保的软件有很多，除了上面为大家介绍的"魅力四射"以外，Screensaver Factory 无疑是其中一个强有力的工具。这个软件在制作屏保的过程中，除了具备所有屏保软件的功能以外，还有一些特殊的优势。例如，背景可选择用色彩（支持自定义渐变填充，为图片增加质感等）或图像显示。而且，软件支持的多媒体文件类型也非常全面，用户操作的自由度也很高，任何用户只要稍花心思就不难制作出效果不俗的屏保。此外，软件的图片切换特效数量非常之多，对于添加的素材可选择序列、随机或混合三种播放方式，而且还可选择使用蒙版过滤，针对添加的音频文件可使用声音渐现，以增强层次感。因此，Screensaver Factory 不仅能制作绚丽多彩的普通屏保，也能让个人用户开发制作商业性屏保。下面，我们简要介绍一下如何使用 Screensaver Factory 进行屏保的制作。

Screensaver Factory 的运行界面如图 7–25 所示。整个软件界面看起来比较简洁直观，左侧为功能列表区域，中间为参数控制部分，右侧为操作控制按钮。

软 件 信 息

Screensaver Factory 目前最高版本为 4.6 版，读者可以到其官方网站（http://www.blumentals.net/）了解相关信息。

图 7-25　屏保工厂的软件运行界面

（1）置入素材。像一般的屏保制作软件一样，我们首先需要准备素材对象。Screensaver Factory 除了支持一般的图像用于屏保制作以外，还可以导入视频或者 Flash 动画格式的文件。如图 7-26 所示，在当前默认的界面状态下，单击右侧"添加"或者"添加目录"按钮，用于导入图片素材，在此我们仍然使用上一节的照片就可以了。

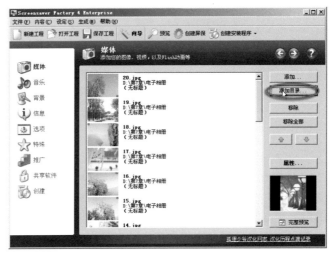

图 7-26　导入素材

（2）添加背景音乐。接下来，在窗口左侧单击"音乐"按钮，然后在右侧添加一段背景音乐，如图 7-27 所示。

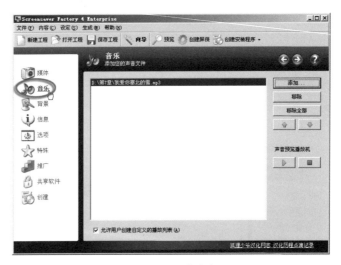

图 7-27　设置背景音乐

（3）设置背景。是否还为了屏保中纯黑色或者白色的效果而烦恼呢？Screensaver Factory 具有为屏保设置背景颜色的功能。单击窗口左侧"背景"按钮，在其中我们即可以将背景设置为标准的纯色效果，还可以让其以渐变颜色来显示，如图 7-28 所示。

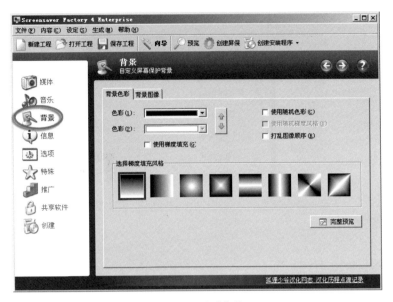

图7-28 设置背景

（4）设置转场。下面，我们需要进入到最重要的步骤中完成对屏保的各项参数设置。单击窗口左侧"选项"按钮，如图7-29所示。在这个选项中有很多的参数可供我们调整，它们都是直接影响最终屏保效果的内容，如图像的延迟时间、转场的效果、声音的特效处理、图像的缩放方式等。

图7-29 设置转场效果

（5）导出。其余一些功能相对于屏保的制作并不十分重要，而且功能以及参数都比较简单，初学者比较容易理解，所以就不为大家进行介绍了。在屏保的所有项目设置完成以后，最后就可以单击窗口上方"创建屏保"按钮完成最终屏保的制作了，如图7-30所示。

作 者 心 得

虽然 Screensaver Factory 提供了制作背景的功能，但是仍然相对简单，所以仍然建议读者使用纯色或者渐变颜色的背景就可以了。

图7-30 导出屏保

7.3 制作连拍动画

软 件 信 息

GIF Animator 最高版本为 4.0 版, 读者可以到该软件的官方网站 (http://www.ulead.com.cn/) 获得相关信息。

现在的数码相机大多具有连拍的功能, 我们可以将人物或者景物连续的画面拍摄下来, 并将这些具有关联性的照片组合成为一幅 GIF 动画, 相信会为大家的生活增添更多的乐趣。

要制作上述的连拍动画, 我们可以使用 Photoshop 软件自带的 Imageready 程序, 但是操作上显得稍微复杂一些。这里我们介绍一款 "傻瓜" 级别的动画制作软件——Ulead GIF Animator。由于这个软件具有的强大的向导功能, 所以即使初学者一样可以让静态的照片获得专业的动画效果。

(1) 使用 "启动向导"。首先运行 Ulead GIF Animator, 马上会弹出 "启动向导" 窗口, 在当前窗口中单击 "动画向导" 按钮, 如图 7-31 所示。如果在开始阶段将该窗口关闭了, 我们也可以在工作界面内执行菜单中的 "文件" | "动画向导" 命令将其打开。

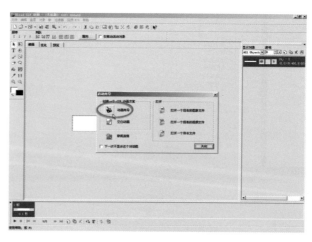

图7-31 运行动画向导

(2) 设置画布尺寸。在紧接着弹出的 "设置画布尺寸" 窗口中, 设置动画大小, 只需要按照各自的要求设置就可以了, 如图 7-32 所示。

（3）添加图像。在"选择文件"窗口中，单击"添加图像"命令，我们需要打开本书配套光盘中的"第 7 章 /GIF 动画 /"文件夹下的所有图片，这是一组连拍的效果，如图 7-33 所示。

图 7-32　设置画布尺寸

图 7-33　添加素材照片

（4）设置照片的延迟时间。设置每幅照片的延迟时间，即动画显示时，从一幅照片过渡到下一幅照片的间隔时间，如图 7-34 所示。

基本的动画设置完成以后，单击"完成"按钮，如图 7-35 所示。

图 7-34　设置延迟时间

图 7-35　完成动画向导设置

（5）播放预览动画。现在我们可以在工作界面内单击下方的"播放"按钮，或者执行菜单中的"查看"|"播放动画"来预览制作形成的 GIF 动画效果，如图 7-36 所示。

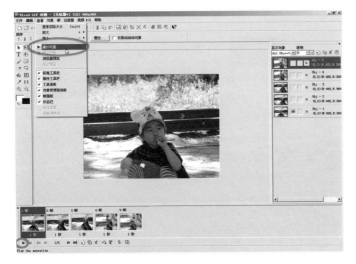
图 7-36　播放预览动画

（6）保存动画。如果对自己制作的动画满意，就可以将文件进行保存了，如图 7-37 所示。生成的 GIF 动画需要选择对应的 GIF 文件格式，Ulead GIF Animator 也可以将动画生成为 AVI 的视频格式。

图 7-37　保存动画

（7）设置转场。Ulead GIF Animator 可以调整动画图像的各种显示效果，也提供了众多插件用于设置图片之间的转场效果，从而获得像"魅力四射"一样的特效。如果需要添加这些特殊效果，可以执行菜单中的"视频 F/X"，如图 7-38 所示，系统将提供预览窗口供我们在选择时观看。

图 7-38　设置转场

本节实例最终保存为本书配套光盘中的"第 7 章 /GIF 动画 .gif"文件，大家可以将其打开，用于学习和参照，如图 7-39 所示。

图 7-39　最终的动画效果

7.4　制作个性化电子贺卡

新年马上就要来到了，想到为远方的朋友发送一张电子贺卡，传递一份祝福吗？是否厌倦了千篇一律的贺卡模式，是否想在贺卡上贴上自己喜欢的照片呢？这一节，我们将学习使用"非常好色"这个软件，让大家在几分钟之内得到这张个性化的电子贺卡。

"非常好色"是一款繁体语言界面的贺卡利器，从 2000 年的 3.0 版本晋升到今天的 6.0，不论是产品品质还是软件内涵都已经上升了一个层次，其不仅保留原"非常好色"炫风版的超强功能，更新增精美范例在线免费下载功能；近 3000 个精美范例、超过 5000 个的精美图档涵盖了各式的动植物、人物、可爱卡通造型、中国风景、各种节庆图案，一定可以让你在创意空间挥洒自如！

在第一次运行"非常好色"的时候，将会出现软件的功能选择界面，如图 7-40 所示。其中除了本节将要使用的"贺卡"一项以外，还可以制作课程表、大头贴、名片、海报、月历、信封信纸、CD 封面和纸雕等。

软件信息

"非常好色"目前最高版本为 6.0 版，读者可以到该软件的官方网站（http://liveupdate.newsoft.com.tw/）了解有关信息。

图 7-40　软件的运行界面

（1）选择模板。首先在窗口中单击"贺卡"按钮，进入贺卡模板选择中心。这里有生日卡、新年卡、情人卡等 8 个类别，其中每个类别还有多少不等的模板，如图 7-41 所示。

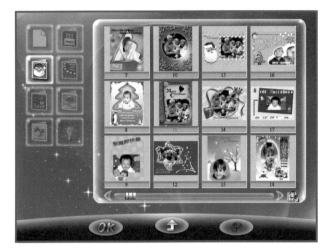

图 7-41　选择模板类型

（2）编辑图像元素。确定了需要制作贺卡的种类之后，在右边的贺卡范例中挑选自己中意的模板并双击它就可以进入设计窗口了，如图 7-42 所示。从图片上的元素分析，贺卡的组成并不复杂，但是其中软件赋予的功能却是相当强大，除了基本的图片调整，"层"概念的引入也使每张图片之间的层次变得丰富起来。

图 7-42　进入设计中心

在图像的左侧是软件的浮动工具条，确定图形中的元素后，相应的选项即可生效，值得一提的是"非常好色"在各个图层中的操作非常快捷，我们既可以按"上一层"、"下一层"的顺序调整，也可以直接将其移动到"最顶端"或是"最底端"，如图 7-43 所示。在选择图像中，按下"Ctrl"键就可以同时选择多个元素，进而通过"合并"功能将图层整合，反之亦然。

图7-43 设置图层顺序

此外，软件上方的工具条可以快速地导入标题、文字、插画和花边，如图7-44所示。

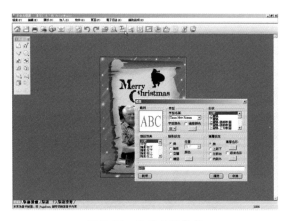

图7-44 设置文字参数

要是我们觉得模板中提供的图片不尽人意的话，也不妨将自己硬盘中得意的图片添加进来。首选在场景中选择图像并双击鼠标，此时将会弹出照片的替换窗口，在窗口的下方单击"读档"按钮，将可以从硬盘中调用照片，如图7-45所示。

图7-45 导入硬盘中的照片

在设计完首页面后千万不要急于退出软件，选择菜单中的"页面"|"页面控制项"命令，将会弹出一个窗口，在此可以对内页以及贺卡的背面进行内容的增加和修饰，如图 7-46 所示。

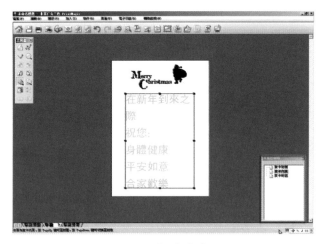

图 7-46　涉及贺卡背面

设计完成后，联好打印机，打印出来轻轻一折，一张像模像样的贺年卡就算完成了，最终效果如图 7-47 所示。

图 7-47　贺卡的最终设计效果

7.5　制作照片月历

对于数码摄影爱好者来讲，挑选自己的作品，亲手制作成数码月历，无论是将其设置为电脑的桌面、放置在自己的案头，还是赠送给亲朋好友，都别有一番情趣。

在市面上有很多制作照片月历的软件，上一节中为大家介绍的"非常好色"

也具有这个功能。但是"非常好色"用于制作月历的模板都趋向于卡通化，并不适用于所有场合，所以本节我们将使用"我行我素"（Photo Express）来制作月历。"我行我素"也是由"Ulead"公司出品的一款图像处理软件，在使用上与前面为大家介绍的 GIF Animator 具有很大的相似之处，通过向导以及蒙版的帮助，让初学者最快地掌握图像处理的技巧，并在其过程中体会乐趣。

（1）打开照片。首先，启动 Photo Express，如图 7-48 所示的就是这个软件的运行界面。我们需要从左侧浏览区域中找到本书配套光盘中的"第 7 章 /7-48.jpg"文件，然后在菜单中执行"Create（创建）"|"Calendar（日历）"命令。

软 件 信 息

"我行我素"目前最高软件版本为 6.0 版，读者可以到该软件的官方网站（www.ulead.com.cn）了解更多信息。

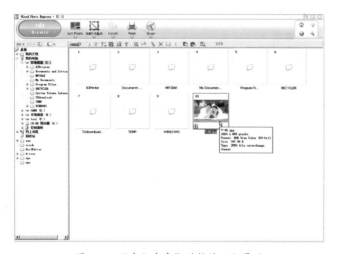

图 7-48　"我行我素"的软件运行界面

（2）进行日历编辑。接下来，Photo Express 进入到日历编辑状态。在当前窗口中单击上方的"Template（模板）"按钮，进入到模板编辑模式，这样我们就可以从界面左侧部分选择一个模板用于进行月历的制作了，如图 7-49 所示。

图 7-49　进入到模板编辑模式中

这里默认显示系统当前日期一周的周历，我们将制作一份月历，制作年历、周历的方法类似。在左上角的"日历类型"下拉菜单中选择"一个月"，根据图像的尺寸在"方向"部分改变日历的排列方式（横向或者纵向），如图 7-50 所示。

图 7-50　选择月历模式

单击左下角"下一步"按钮，在出现的窗口左侧选择月历的月份以及语言（中英文两种可选），如图 7-51 所示。另外，月历中的照片、月份范围、日期范围都可以通过鼠标拖动进行放大和缩小，以调整到合适的尺寸。完成上述处理以后，单击"下一步"按钮。

图 7-51　选择语言

在出现的模板元素窗口左侧有 4 个按钮，包括"增加 / 编辑文字"、"改变背景图像"、"增加年份字符串"、"增加日期表格"、"改变背景属性"等选项，选择合适的参数以后，月历已经制作完成，如图 7-52 所示。如果还需要修改上述步骤的内容，可以按左箭头按钮，返回修改。确定无误的话，单击"下一步"按钮进行最后一项的设置。

图 7-52　设置文字属性

进入到月历变焦的最后一个窗口，如图 7-53 所示。这里有打印、保存、设置为桌面壁纸和将此月历样式保存为模块 4 个选项，根据我们的需要选择打印或者保存，最后单击"关闭"按钮完成月历的制作。

图 7-53　设置输出方式

7.6　制作邮票

邮票制作是我们经常使用的一种平面设计作品，环绕着邮票周围的半圆形锯齿的边缘非常好看。这一节，我们将使用两种方法为大家介绍将自己喜爱的照片制作成邮票的效果。

1. 使用 Photoshop 制作邮票

制作邮票的效果主要是制作邮票边缘的半圆形的锯齿，我们可以借助于 Photoshop 中的相应功能来完成。

（1）打开照片。首先，在 Photoshop 中打开一幅需要制作邮票效果的照片，它位于本书配套光盘中的"第 7 章 /"文件夹内，如图 7-54 所示。

图 7-54　打开照片

（2）转换图层。接下来，将背景层转换为普通层，这样做是为了方便后来的一些工作。进入到图层控制控制面板中，在图层上面双击左键，在弹出的对话框中单击确定，它就由背景层变为普通层了，如图 7-55 所示。

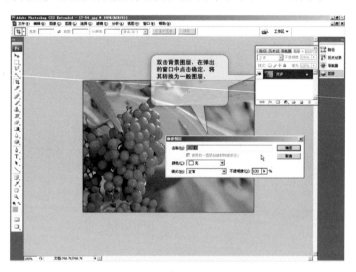

图 7-55　将背景转换为一般图层

（3）使用"橡皮擦"。下面我们就要进入制作齿孔的阶段，这里先来设置"橡皮擦"工具。进入到工具箱中选择使用"橡皮擦"工具 ，然后进入到"窗口"|"画笔"控制面板中，选择画笔笔尖形状，先设置直径，这里设置的直径就是我们要获得的齿孔直径，直径的大小和使用的照片是有一定比例的，太大或者太小都会使得整个图像的真实感降低。具体多大我们需要一一尝试，看看哪个直径能达到更好的视觉效果。这里我们选用橡皮的直径为 20 个像素。然后是设置硬度。由于不需要变淡的效果，这里设置为 100%。最后就是关键的一点了，选择间距为 150%，如图 7-56 所示。

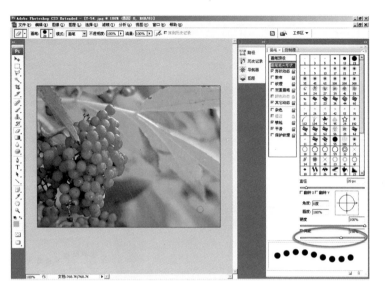

图7-56 设置画笔选项

进入到场景中，将设置好的"橡皮擦"工具放在照片左上角的位置，按住Shift键，沿着水平方向拖动鼠标，得到第一排的齿孔。然后将鼠标的圆圈准确的放在第一个圆圈的末点的那个圆圈上。这里，我们需要严格对齐齿孔，否则会出现错位的情况。同样按住Shift，沿着垂直方向拖动鼠标，得到第二排齿孔，如图7-57所示。

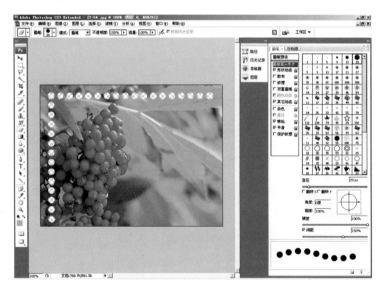

图7-57 绘制齿孔

按照上述介绍的方法，对照片环绕一周擦除以后，将的到如图7-58所示的效果。现在我们的邮票的齿孔已经基本做成了，细心的读者会发现现在制作的邮票的齿孔与图案是一体的。正常的邮票齿孔和图像是有一段空白的区域的，所以我们还需要制作这段空白区域。

作 者 心 得

"橡皮擦"笔触半径的间距需要不断的尝试，才能找到一个比较理想的数值，而且对于不同的照片大小，间距可能有所不同，所以请读者注意这个参数的选择。

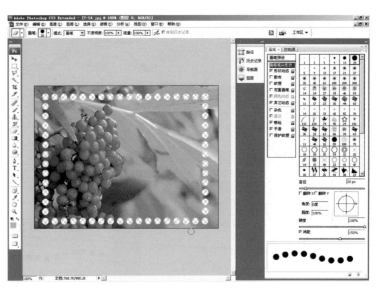

图 7-58　完成齿孔绘制后的场景效果

（4）设置选区。进入到图层控制面板中，按住"Ctrl"键的同时，单击当前照片的图层缩略图，将其选区载入；进入到工具箱中选择使用"矩形选框"工具，在上方工具选项栏中将"布尔运算"按钮设置为"与选区交叉"一线，然后从左上角的那个齿孔中心到最后一个齿孔的中心圈选整个矩形；之后再进入到上方工具选项栏中，设置"布尔运算"按钮为"从选区中减去"一项，之后再在内部圈选照片，注意与齿孔之间留出一定的空间，此时得到的选区效果如图 7-59 所示。

图 7-59　进行选区运算

（5）填充选区。执行菜单中的"编辑"|"填充"命令，在弹出的窗口中设置参数如图 7-60 所示。

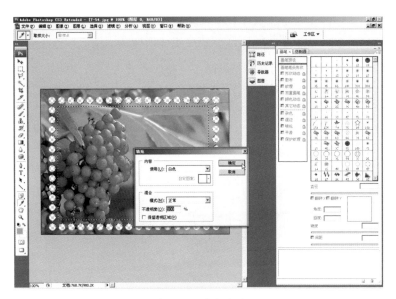

图 7-60 填充选区

最后我们可以为邮票添加一些文字效果，至此，我们的邮票制作完成，如图 7-61 所示。

图 7-61 完成邮票绘制后的照片效果

2. 使用 Turbo Photo 制作邮票

上述我们为大家介绍了如何使用 Photoshop 制作邮票，对于初学者来讲，显得比较繁琐，并且在操作上耗用较多的时间。实际上，目前市面上提供了一些软件可以快速将照片变成邮票效果，如下面要介绍的 Turbo Photo 这个软件中就内置了形成邮票的功能，而且只需轻松一点就可以完成，比 Photoshop 简单很多。

Turbo Photo 是一款国内出品的专业照片处理软件，这个软件中内置了很多简单易用的功能，可以针对照片中存在的各种问题进行修饰和处理，我们也将在本书的后面章节中为大家详细介绍该软件的使用方法。下面，我们来简要说明一下如何使用 Turbo Photo 让照片快速获得邮票的效果。

（1）启动软件。启动 Turbo Photo 以后，选择菜单中的"文件" | "打开文件"命令，打开本书配套光盘中的"第 7 章 /7-62.jpg"文件，我们将用它来说明制作邮票的方法。

图 7-62　软件的运行界面

（2）加入外框和签名。下面，单击左侧工具列表中"外框和签名" | "加入外框和签名"命令，如图 7-63 所示。

图 7-63　执行"外框和签名"命令

接下来，将弹出 Turbo Photo 中为照片添加边框的所有模板，在左侧显示的模板中，我们可以单击"复杂类边框"缩略图，如图 7-64 所示。

我们在下方找到"邮票"的边框效果，将其单击选择以后，在窗口右侧将立刻显示出当前照片被添加邮票的效果，如图 7-65 所示，整个过程显得即方便又快捷。

图 7-64 选择"复杂类边框"缩略图

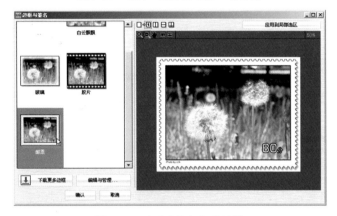

图 7-65 为照片添加邮票效果

（3）编辑外框。如果想对邮票的一些效果进行修改，如文字的效果以及颜色进行修改，可以在当前窗口下方单击"编辑与管理"按钮，然后在弹出的窗口中选择"邮票"，并单击右侧的"编辑"按钮，从而将邮票设置成我们满意的效果，如图 7-66 所示。

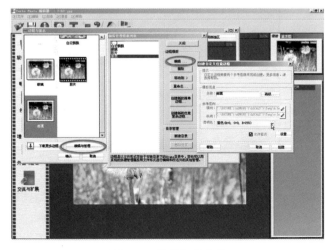

图 7-66 编辑邮票选项

软 件 技 巧

在编辑文字内容窗口中，Turbo Photo 支持在照片中插入宏操作，即添加照片拍摄的一些信息，如时间、EXIF 信息、作者名等。

将邮票的各项参数设置完成以后，单击确定回到场景中，将照片进行保存，从而完成了 Turbo Photo 中制作邮票的过程，最终效果如图 7-67 所示。

图 7-67　邮票的最终效果

7.7　制作信封和信纸

上一节为大家简要介绍了如何制作邮票，本节我们再来了解一下如何套用模板制作信封和信纸，使用的软件仍然是前面介绍的"非常好色"。在进行制作的过程中，我们除了需要导入自定义的照片，而且还将对照片进行相应参数的调整。

（1）启动软件。首先启动"非常好色"，然后在启动选项中选择"日记 & 信件"一项，如图 7-68 所示。

图 7-68　选择"日记 & 信件"选项

（2）选择模板类型。下面，在弹出的窗口左侧选择制作的类型 – "贺卡信封"，然后到右侧选择一个信封的模板，如图 7-69 所示。

（3）编辑图像元素。确定当前选择，并进入到对模板的编辑状态下，如图 7-70 所示。

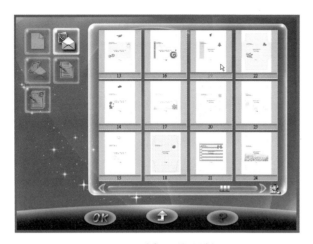

图 7-69 选择信封的模板

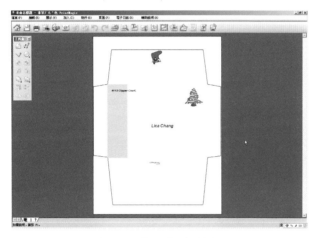

图 7-70 进入到编辑模式下

对于模板中的大多数对象几乎不用进行修改，但是收信人的地址应该进行编辑。选择一段文字部分，然后双击鼠标左键，将弹出对文字修改的窗口，在其中重新设置内容及参数，如图 7-71 所示。

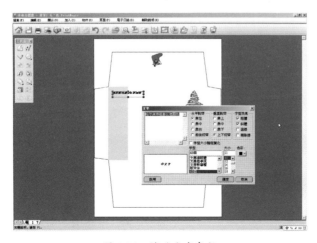

图 7-71 修改文字参数

完成收信人地址修改以后的效果如图 7-72 所示。

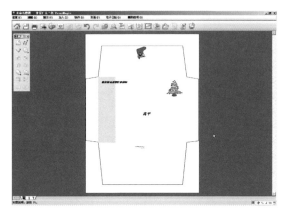

图 7-72　修改完文字内容后的效果

是否想过为信封增加一张背景照片呢？选择菜单中的"加入"|"影像档"命令，然后在弹出的窗口中打开本书配套光盘中的"第 7 章 /7-73.jpg"文件，如图 7-73 所示。

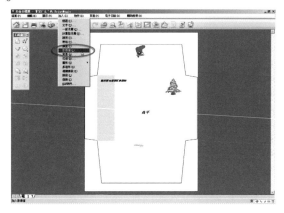

图 7-73　执行"影像档"命令

这幅照片出现在场景中后，将鼠标放在照片上并单击右键，在弹出的菜单中，把照片放置在场景的最下方，如图 7-74 所示。

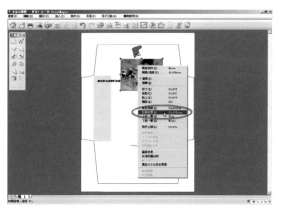

图 7-74　修改图层显示顺序

分别拖动照片边缘的四个控制点，用于调整其大小以及位置，如图 7-75 所示。

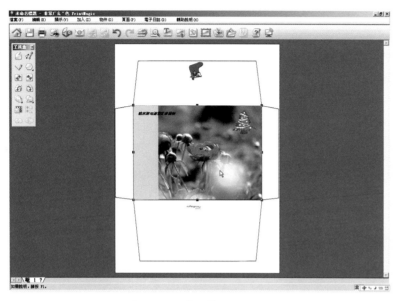

图 7-75　调整图像位置和大小

我们现在可能感觉作为背景的照片显得过于清晰，所以在照片被选择的状态下选择菜单中的"物件"|"图像效果"命令，在弹出的窗口中调整"颜色刷淡"的数值，如图 7-76 所示。

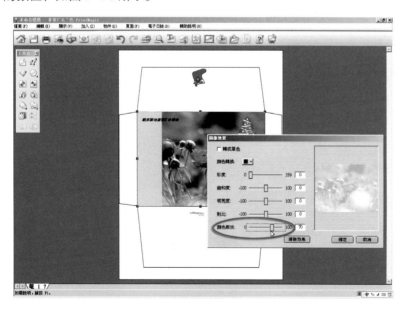

图 7-76　调整图层的不透明度

这样我们的信封就最终制作完成了，最后效果如图 7-77 所示。

软 件 技 巧

与 Photoshop 类似，如果调整矩形对象的大小，分别移动边缘的四个控制点为不等比变换，如果按住键盘的"Shift"键，为等比例变换。

图 7-77　完成信封制作后的效果

　　上面我们套用模板制作了一个信封，操作的流畅同样适用于其他的平面设计作品，如信纸也可以按照这个过程进行制作，如图 7-78 所示。由于整个过程操作比较简单，就不再为大家进行介绍了。

图 7-78　信纸的效果

第 8 章

使用外挂滤镜为图像增色

在前面的章节中，我们详细地介绍了如何使用 Photoshop 进行照片处理的一些主要技巧，其中涉及一些到 Photoshop 的滤镜功能，它们的出现可以让我们更迅速地完成一些图像效果的制作，确实是一项重要的软件功能。

其实，前面我们所使用的滤镜一般都叫做 Photoshop 的内置滤镜。除了这些功能庞大、效果丰富的滤镜以外，很多图像公司也为 Photoshop 生产了大量的外挂滤镜，其中不乏用于照片后期处理的佼佼者。本章，我们将为大家介绍几款数码暗房必备的外挂精品滤镜，这些软件有些是用于对 Photoshop 功能的补充、有些可以用于照片产生更加绚烂的效果，相信会对大家处理数码影像带来帮助。

■ 软 件 信 息 ■

（1）Photoshop 的滤镜是这个软件一组重要的功能，除了内置的一百多款滤镜以外，Photoshop 的生产公司还允许其他图像软件设计公司进行扩充，这就有了外挂滤镜的强大支持。目前五花八门的外挂滤镜有很多，它们的作用各不相同，适用于不同的行业。

Photoshop 管理滤镜的文件夹位于软件自身的安装路径下的"Plug-Ins"文件夹下，如笔者电脑中的 Photoshop CS3 安装在"D"盘下，这个时候管理滤镜的文件夹在"D:\Adobe\Photoshop CS3\Plug-Ins"，如图 8-1 所示。

（2）Knockout 目前最高版本为 2.0 版，读者可以到其官方网站（http://www.corel.com.cn/）了解更多有关该软件的信息。

图 8-1　Photoshop 中管理滤镜的文件夹

图 8-2　安装滤镜的路径

图 8-3　安装完的滤镜将出现在滤镜菜单下

8.1　强力抠图工具——Corel Knockout

在本书前面部分关于 Photoshop 处理图片的过程中，我们经常接触到"抠图"。这种将对象从背景中分离出来的技术，是一种十分重要并应该熟练掌握的能力。在对复杂对象选取时，如毛发、树叶等细小对象往往会用到 Photoshop 的"抽出"工具来完成。今天将要给大家介绍一款与"抽出"工具工作原理基本类似的工具——Knockout，目前最新版本为 2.0。Knockout 2.0 一经推出，便备受好评，因为它解决了令人头疼的抠图难题，使枯燥乏味的抠图变为轻松简单的过程。Knockout 2.0 不但能够满足常见的抠图需要，而且还可以对烟雾、阴影和凌乱的毛发进行精细抠图，就算是透明的物体也可以轻松抠出。即便你是 Photoshop 新手，也能够轻松抠出复杂的图形，而且轮廓自然、准确，完全可以满足你的需要。

Knockout 2.0 之前的版本作为一个独立的软件使用，而现在的版本则必须作为 Photoshop 的滤镜插件使用。

1. Knockout 的界面构成

首先，我们需要获得 Knockout 的软件安装程序，并按照本章前面介绍的方法将该软件安装到 Photoshop 的滤镜目录下。

（1）打开照片。启动 Photoshop，打开一幅准备选取的照片（本书光盘中"第 8 章 \8-4.jpg"），我们打算将其中的主体对象选取出来，如图 8-4 所示。

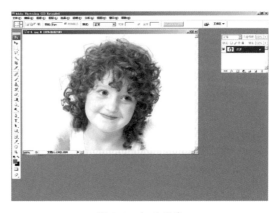

图 8-4　打开照片

（2）复制图层并启动插件。进入到图层控制面板中，将背景图层拖拽到"新建图层"按钮上进行复制。选择菜单中的"滤镜"|"Knockout 2"|"载入工作图层"命令，如图 8-5 所示。

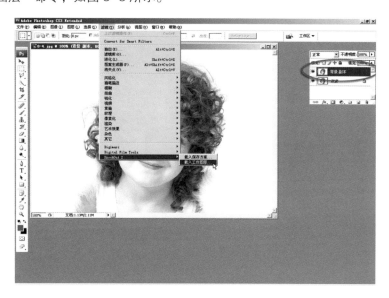

图 8-5　运行 Knockout

进入到 Knockout 的运行界面，如图 8-6 所示。Knockout 的界面分为菜单、工具栏和状态显示面板三部分。

图 8-6　软件运行界面

1）菜单栏。菜单栏中包括文件、编辑、查看、选择区域、窗口和帮助等部分；文件菜单中包括保存方案、保存映像遮罩、保存阴影遮罩、还原和应用等命令；编辑菜单包括撤销、恢复、处理和参数选择等命令。其中"处理"命令是用来处理图像和显示去除背景后的图像；参数选择对话框中可以设置描绘磁盘、恢复键、撤销级别和影像缓存等内容，如图 8-7 所示。

图 8-7　参数选择对话框

在查看菜单中可以设置查看对象的方式，如图 8-8 所示。可以设置查看原稿、输出当前结果、输出最后结果和 Alpha 通道。另外，还可以设置是否隐藏内部对象、外部对象、内部阴影、外部阴影、注射器和边缘羽化等。

图 8-8　查看菜单

在选择区域菜单中可以设置选区全选或取消选择等，窗口菜单中则可以控制显示哪些面板、工具栏和放大或缩小显示等。

2）工具栏。工具栏位于界面的左侧，包括用于抠图的所有工具，如图 8-9 所示。

在工具栏上有 10 个工具按钮，我们从上到下、从左到右的顺序介绍它们的含义。内部对象工具可以绘制对象的内部选区线，外部对象工具可以绘制对象外部选区线；内部和外部阴影对象工具可以绘制阴影的内部和外部选区线；注射器工具可以对象内部或外部补色，边缘羽化工具可以修复一些对象或阴影边缘的缺陷；使用润色笔刷工具可以恢复前景图像，使用润色橡皮工具可以擦去背景图像；手形工具可以移动画布中图像的位置，放大镜工具可以缩放显示图像。

单击底色按钮，可以在调色板中选择抠图以后的背景颜色；单击下面的图像按钮，可以选择一幅图像作为抠图以后的背景。

在"细节"部分可以设置不同的级别来改善抠图的质量，数值越大，所抠出来的图像越精确。

最下方的按钮是处理和输出图像按钮，当设置好抠图的参数和选区以后，单击此按钮既可开始处理抠图。

3）选区线显示状态面板。在软件界面的右侧为选区线显示状态面板，如图8-10所示。使用它可以控制是否在画布中显示相应的选区线。

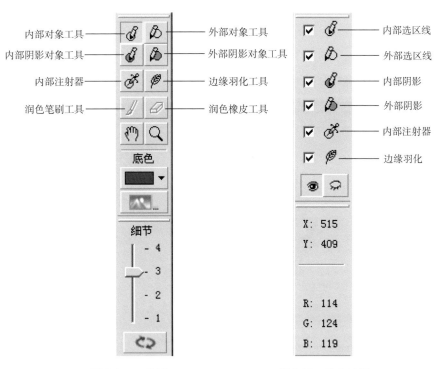

图8-9 工具栏　　图8-10 状态面板

选中某个选项以后，就会在画布中显示该选项的选区线。单击下方的睁眼按钮，全部显示选区线；单击闭眼按钮，则关闭所有选区线的显示。

在此面板的下方还可以显示当前鼠标指针的坐标和RGB颜色值。

2. 使用 Knockout 进行抠图

上文我们介绍了 Knockout 的软件运行界面，相信大家对该软件的基本情况已经有所了解了。接下来，我们使用该工具对照片中的主体对象进行选取。

（1）创建选区。首先，设置选择对象。在工具栏中选择使用"外部对象"

工具，沿着要选择对象的外边缘绘制轮廓线，如图 8-11 所示。

图 8-11　绘制外轮廓线

　　按照上面同样的方法，再在工具栏中选择使用"内部对象"工具，沿着要选择对象的内部边缘绘制轮廓线，如图 8-12 所示。

图 8-12　绘制内轮廓线

作 者 心 得

圈选"外部对象"和"内部对象"的范围不宜过大，以正好到"内部对象"和"外部对象"的边缘为好。本节实例中"外部对象"圈选范围很大，是因为背景是白色，没有其它可选对象。

　　下面，我们需要确定在"内部对象"和"外部对象"之间的像素保留情况，这个时候就需要使用工具栏中的"取样"工具了。选择工具栏中的"取样"工具（类似于针管），凡是它点过的地方，都是确定应该为不透明的地方，如头发的细节部分等，当有些地方看不清时，可按"L"键，就会出现一个放大镜，如图 8-13 所示。在进行取样的过程中，我们不需要对所有需要保留的位置都进行确定，只需要在一些关键的位置和关键的颜色处选择即可，剩下的工作由软件自动计算完成。

图 8-13　确定不透明像素

（2）去除背景。接下来，我们来观察一下选择的效果。将细节条的滑块退
到 4（最高的精确设置），然后单击下面的箭头按钮，这时，就会看到去除背景
的头像，替换原来背景的颜色可以在旁边的颜色框中进行选择，如图 8-14 所
示。

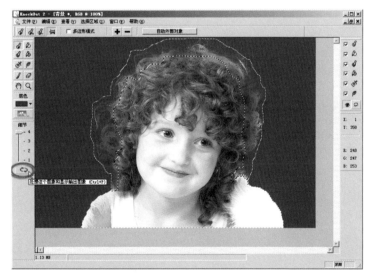

图 8-14　去除背景

如果对图片还不满意，仍可以对图片反复修改，增加、减去透明或不透明
的点、还可以用画笔或橡皮涂擦，也可以用针管注入一些颜色。

最后，在反复修改以后，如果对当前选择对象满意，就可以将结果置入
Photoshop 中。执行菜单中的"文件"|"应用"命令，将结果进行输出。回到
Photoshop 后，进入到图层控制面板中，观察当前被处理的图层，就只剩下选
择出来的主体对象了，如图 8-15 所示。

图 8-15　去除背景后的整体效果

8.2　数字胶片特效——Digital FilmTools 55mm

软件信息

Digital Film Tools 55mm 目前最高版本为 7.5，读者可以到该软件的官方网站（www.digitalfilmtools.com）了解相关信息。

　　Digital FilmTools 55mm 滤镜是一套专门针对数字胶片的滤镜插件包，目前最新版本为 7.5。使用它制作出来的效果非常独特，可以模仿流行的照相机滤光镜、专业镜头、光学试验过程、胶片的颗粒、颜色修正、自然光和摄影等众多特效。这套滤镜插件包括很多的特效，如烟雾、去焦、扩散、模糊、红外滤光镜、薄雾等几十种。

　　在 安 装 完 Digital FilmTools 55mm v7.5 滤镜以后，会在 Photoshop 的 滤镜菜单中多出一项 Digital FilmTools 55mm v7.5。首先打开一幅数码照片（本书光盘下"第 8 章 \8-16.jpg"），然后执行菜单中的"滤镜"|"Digital Film Tools"|"55mm v7.5"命 令，如图 8-16 所示。

图 8-16　执行滤镜命令

　　接下来，将弹出 Digital FilmTools 的软件运行界面，如图 8-17 所示。这个工具在使用上非常简单，首先在功能列表中选择一种特效类型，然后可以在预览窗口左侧使用一种预设方式，如果对效果仍然不是很满意，可以在右侧参数调整区进行参数的修改，这样就可以获得最终满意的视觉效果，最终单击上方工具按钮中的"Done（使用）"完成效果的设置，并回到 Photoshop 中。

图 8-17　滤镜的运行界面

　　下面，我们对 Digital FilmTools 中比较有特点的效果预设进行简要介绍，从而让读者能全面了解这款外挂滤镜的强大魅力。

　　1.　Blurs（模糊）

　　这是一组用于模拟照片各种模糊效果的滤镜组，其中既有类似于 Photoshop 中的高斯模糊，也有用于制作各类景深效果的特殊模糊方式。

　　下面，我们使用这组滤镜对当前示例图像制作一种远景深的效果。在当前软件界面中，首先单击"Blurs（模糊）"选项卡，然后在其中选择"Depth of Field（景深）"一项，如图 8-18 所示。

图 8-18　选择"景深"滤镜

　　接下来，进入到界面左侧"Presets（预设）"选项区中，单击下方的"Grad Blur Top（顶部向下渐变模糊）"一项，如图 8-19 所示，此时在预览窗

作者心得

Digital Film Tools 中的几项模糊方式与摄影中的景深效果类似，其中"Depth of Field（景深）"一项最符合制作景深的要求，效果与真实相机拍摄出来的景深相似，其它几项则类似于一些特殊的景深效果。

口中马上就会产生当前图像改变的效果，已经呈现出一幅远端景深的效果了。

图 8-19　选择"渐变模糊"选项

Digital FilmTools 提供了强大的参数调整功能，从而让我们对预设中存在的一些问题进行相应修改。下面，进入到右侧参数调整区中，拖拽"Horizontal Blur（水平模糊）"一项的参数，同时可以从预览窗口中看到参数修改对场景的影响，如图 8-20 所示。

软 件 技 巧

在当前渐变景深模式下，仍然可以选择其他渐变方式，可以在右侧参数控制面板中单击"Directions（方向）"右侧的下拉菜单中进行选择。

图 8-20　调整滤镜参数

另外，对景深模糊的位置以及方向可以通过相应参数以及预览窗口四个角点的控制点进行随意调整。如图 8-21 所示，通过改变控制点的位置，从而影响景深的程度。

图 8-21 控制景深深度

如果对当前图像形成的效果满意，就可以直接单击上方工具条中的"Done（使用）"按钮，结束 Digital Film Tools 的操作回到 Photoshop 中，如图 8-22 所示。

图 8-22 完成滤镜操作

最终完成的效果如图 8-23 所示，与原图进行比较，效果还是非常理想的。

图 8-23 最终的实例效果

软件技巧

场景中的四个控制点可以移动到边缘的任意位置，由于我们需要让照片下方清晰的范围增加，所以可以将下方两个控制点向上移动，并尽量保持两点平行。

从上面对示例图像的处理可以看出来，Digital Film Tools 在操作上简单易用，获得效果迅速，确实是一款为照片添加各种绚烂色彩的强大工具。下面，我们再对这组插件中其他的效果进行介绍。

2. Color Correct（色彩校正）

这组滤镜主要用于对照片中各种色彩问题进行校正，同时也可以完成很多因色彩变化而形成的艺术效果，如图 8-24 所示。

图 8-24　"色彩校正"滤镜组

使用这组工具可以形成各种风格的灰度以及偏色效果，通过参数的调整，得到的效果与 Photoshop 中得到的效果迥然不同，如图 8-25 所示。另外对照片中色彩、明度、亮度和饱和度的调整方式都有 Digital Film Tools 自己的风格。

图 8-25　制作灰度风格的效果

3. Diffusion（扩散）

该选项卡下提供了 12 种功能强大的滤镜，用于模拟像素的漫射，从而在照片中形成光晕扩散的艺术效果，尤其是其中的几款滤镜显得比较重要。

Fog（雾化）滤镜可以在风景照片中添加雾气，运行界面如图 8-26 所示。我们可以在右侧参数调整区中对雾气的浓度、分布方式、亮度和颜色等进行精细调整，从而逼真地模拟雾的现实状态。如图 8-27 所示为添加雾化前后的照片对比效果。

图 8-26 "雾化"滤镜组

图 8-27 制作雾化效果

　　在本书的前面章节中，我们曾经介绍过使用 Photoshop 产生柔焦效果的方法，在操作上显得比较繁琐。在 Digital Film Tools 中，可以使用 Soft Effects（柔化效果）滤镜快速的获得柔焦，如图 8-28 所示。在当前 Diffusions 选项卡中单击 Soft Effects 缩略图，然后在右侧可以分别对柔焦的程度以及不透明度进行参数设置，完成后的效果如图 8-29 所示。

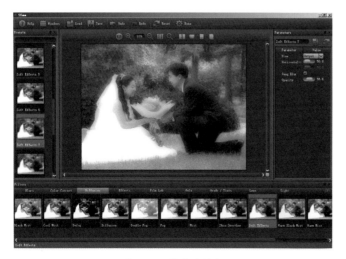

图 8-28 柔焦滤镜组

图 8-29　制作柔焦效果

4. Effects（效果）

在 Effects 选项卡中提供了几种特殊的艺术表现效果，如图 8-30 所示。

图 8-30　"效果"滤镜组

与前面几组滤镜不同，这几种滤镜之间没有必然的联系，所实现的效果差异性比较大。其中 Day for Night（日景转夜景）、Halo（光晕）、Night Vision（夜视）和 Pencil（铅笔稿）等几款滤镜非常实用，如图 8-31 所示。

Day for Night　　Halo

Night Vision　　Pencil

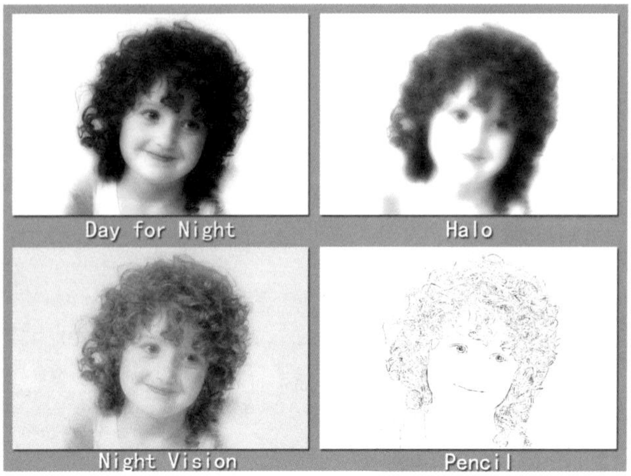

图 8-31　几种"效果"滤镜形成的特效

5.　Film Lab（电影博物馆）

Film Lab 中提供给我们的是一些电影特效制作，如图 8-32 所示，使用这些滤镜可以非常容易地获得在电影中常见的效果。下面，简单介绍一下其中比较有特色的滤镜效果。

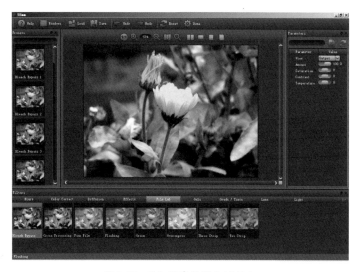

图 8-32　"电影博物馆"滤镜组

在本书前面章节曾经为大家介绍过使用 Photoshop 制作反转片的方法，在当前滤镜组中，我们也可以使用 Cross Processing 对照片形成反转负冲的绚烂色彩，如图 8-33 所示。

图 8-33　反转负冲效果

使用 Faux Film 处理照片可以在图像上蒙上一层噪点，从而真实地模拟出照片的陈旧效果，如图 8-34 所示。

图 8-34　噪点效果

6. Gels（凝胶）

Gels 功能组相对前面讲述的滤镜来讲，功能比较单一，主要用于产生各种风格的偏色效果，如图 8–35 所示。

图 8-35 "凝胶"滤镜组

与 Photoshop 直接对照片色彩调整不同，Gels 中的滤镜相当于在照片前面加入一片滤色镜，通过修改滤色镜的不透明度以及曝光强度来改变图像本身的色调，各种风格的偏色效果如图 8–36 所示。

图 8-36 几种风格的偏色效果

7. 其他滤镜组

除了上面介绍的一些滤镜效果外，还有一些较实用的滤镜效果，我们再对它们进行简要说明。

Grads/Tints（渐变／染色）滤镜组主要与上面讲到的 Gels（凝胶）比较相似，主要为照片添加渐变的色彩，如图 8-37 所示。

图 8-37 "渐变／染色"滤镜组

Lens（镜头）用于模拟一些特殊滤色镜的效果，如其中的 Vignette（晕影）就能很好的模拟边缘带有规则形状的光晕效果，如图 8-38 所示。

图 8-38 "镜头"滤镜组

Light（光线）用于在照片中添加各种不同的光效，如图 8-39 所示。像其中 Edge Glow（边缘光晕）、Light（灯光）、Gold Reflector（金色反光）等滤镜都可以作为添加照片光效的得力工具。

上述简要为大家介绍了 Digital Film Tools 这款滤镜组的基本功能构成以及效果演示，由于该软件操作简单、获得效果理想而且迅速，目前已经成为很多数码影像工作者进行效果制作必备软件之一。

图 8-39 "光线"滤镜组

前面为大家介绍的照片效果基本都是软件预设完成的，读者可以按照本节内容的介绍，通过各种参数的配合，相信可以获得更多更绚烂的照片特效。

8.3 光影特效插件——Mystical Lighting

软 件 信 息

Mystical Lighting 目前最高版本为 1.02，读者可以到该软件的官方网站（www.autofx.com）获得有关信息。

Mystical Lighting 是著名图像软件设计公司 AutoFX（www.autofx.com）的一款光线的补充和设计插件，使用它可以制作出极为真实的光线和投射阴影效果，提高图像的光影品质，达到美化图像的目的。Mystical Lighting 包含了 16 种视觉效果和超过 400 种预设，利用这些视觉效果和预设可以制作出多种多样的光影效果。

将插件成功安装到 Photoshop 中后，首先打开一幅图片，然后执行菜单中的"滤镜"|"Auto FX Software"|"Mystical..."命令，如图 8-40 所示。

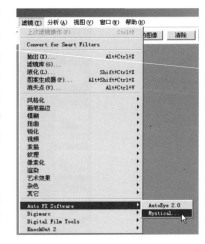

图 8-40 安装光影特效插件

1. 界面和功能构成

Mystical Lighting 的软件运行界面如图 8-41 所示。在 Mystical Lighting 对话框中可以看到滤镜界面分为三大部分，常规控制部分（File、Edit 和 View）、图层控制部分（右上角部分）和特效控制部分（Special Effects）。

在常规控制部分中可以实现对文件的操作，如保存、载入、退出、重复操作、后退操作等，在 View 菜单中还可以控制视图的显示情况，如图 8-42 所示。

图层控制面板的作用与 Photoshop 基本上差不多，也提供了创建特殊图层的功能，从而让我们更加方便地管理照片中添加的各种特效，如图 8-43 所示。

图 8-41　滤镜的工作界面

图 8-42　查看菜单

图 8-43　图层控制面板

　　其中的最下方图层代表的是当前的背景图像。Opacity 控制条可以改变所选中图层的透明度，单击 Effects Menu 按钮，可以选择创建特殊效果的图层，如图 8-44 所示。

图 8-44　图层特效

软 件 技 巧

Effects Menu 按 钮的下拉效果图层与 Photoshop 图层控制面板中的"创建新的填充或调整图层"功能类似，它在不破坏原始图层的基础上，为当前场景添加各种艺术效果。

单击图层面板右上角的三角形按钮，可以打开图层控制菜单，在菜单中包括保存图层设置、载入图层设置和应用图层设置等命令，如图 8-45 所示。

实际上，Mystical Lighting 中每个图层保存的都是叠加在一起的各种效果，当选中某个图层时，都会在界面的左侧出现该图层对应的效果参数控制面板，如图 8-46 所示。

图 8-45　图层控制菜单　　　　图 8-46　效果参数控制面板

在特效控制部分中，单击 Special Effects 按钮，将弹出特效菜单列表，我们可以为当前图层添加 16 种特殊效果，在 Special Effects 菜单中包括 16 种特效，分别为 Ethereal（轻柔）、Edge Highlights（边缘强光）、Fairy Dust（精灵粉尘）、Flare（闪耀）、Light Brush（光线笔刷）、Light Caster（光线制造）、Mist（薄雾）、Mottled Background（杂斑背景）、Radial Light Caster（径向光线制造）、Rainbow（彩虹）、Shader（遮光）、Shading Brush（遮光笔刷）、Shadow Play（阴影）、Spotlight（聚光灯）、Surface Light（表面光线）和 Wispy Mist（微弱的雾）等，如图 8-47 所示。

图 8-47　效果菜单列表

当鼠标指针移动到某种特效时，会弹出 Select Preset（选择预设）命令，单击此命令就会打开预设的特效参数模板，如图 8-48 所示。

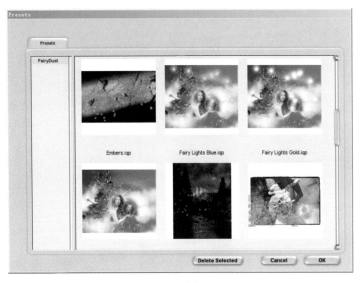

图 8-48 选择预设

2. 效果演示

Mystical Lighting 中的每种特效都有不同的参数控制选项，这里就不再一一介绍了，下面结合几种特效的操作方法来讲解如何使用特效，并学习如何调整控制参数。

（1）模拟体积光。

1）打开照片。在 Photoshop 中打开本书光盘中的"第 8 章 \8-49.jpg"文件，然后启动 Mystical Lighting 滤镜组，如图 8-49 所示。我们将用其介绍如何使用这个滤镜中的功能获得太阳光照射的效果。

2）运行滤镜。下面，为当前照片添加效果。单击界面左上角的"Special Effects（效果）"按钮，然后依次在弹出的

图 8-49 打开照片

菜单中执行 "Mystical Lighting" | "LightCaster" | "Select Preset" 命令，如图 8-50 所示。

3）选择预设。这个滤镜专门用于模拟各种光线投射的效果，在弹出的预设窗口中提供了各种与光线有关的预设。下面，在其中选择一种效果，如图 8-51 所示。

图 8-50　执行滤镜命令

图 8-51 中的所有预设，实际上都是由"LightCaster"一个滤镜衍生出来的，只是它们在参数的设置上有所不同，所以在此随意选择一种预设，后期通过参数调整，也都可以获得最终的实例效果。

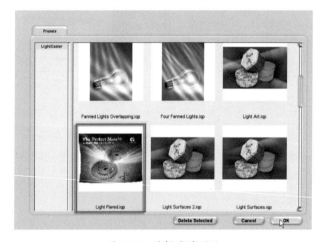

图 8-51　选择滤镜预设

　　确定以后回到场景中，此时场景效果如图 8-52 所示。在当前界面左侧出现设置"LightCaster"的相关参数，右侧预览图中出现预设光线的基本效果，以及控制光线的路径。

图 8-52　完成预设使用后的场景效果

4）编辑预设。我们可以直接使用鼠标单击选择其中任何一条路径，单击键盘的"Delete"键可以将选择的路径删除掉，单击预览窗口任意位置可以创建新的路径。另外，可以使用鼠标拖拽路径的起点和终点，还可以随意地旋转路径的角度，如图8-53所示。

图 8-53　调整光照方向

下面，对路径进行调整，将其设置成如图8-54所示的效果，并删除掉另外一条路径。此时场景中的光线基本上已经符合阳光照射的强度和角度了。

图 8-54　设置路径

如果对光线仍然不满意，可以通过左侧参数区中的相应参数进行调整，如图8-55所示。其中一些主要参数都比较简单，而且调整的过程对大家来讲应该比较容易理解。

作 者 心 得

为了体现体积光的真实效果，可以多创建几条路径，然后分别设置它们的不透明度、角度和长度，从而形成参差不齐的效果。

图 8-55　设置参数

这个实例最终完成的效果如图 8-56 所示。

图 8-56　最终完成的实例效果

（2）人造彩虹。

1）打开照片。在 Photoshop 中打开本书光盘中的"第 8 章 \8-57.jpg"文件，然后启动 Mystical Lighting 滤镜组，如图 8-57 所示。

图 8-57　打开照片

2）运行滤镜。下面，为当前照片添加彩虹的效果。单击界面左上角的"Special Effects（效果）"按钮，然后依次在弹出的菜单中执行"Mystical Lighting"｜"Rainbow"的命令，如图8-58所示，这是一个专门用于在照片中产生彩虹的滤镜。

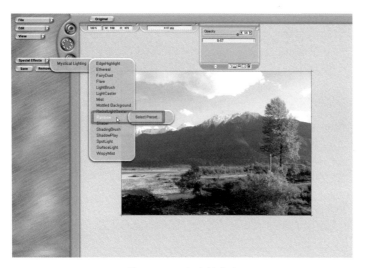

图8-58　运行滤镜命令

3）绘制彩虹。在左侧参数面板上有三个按钮，第一个按钮用于添加或删除彩虹路径点，第二个按钮用于手绘彩虹的路径，第三个按钮则可以通过绘制直线由软件自动形成圆弧化彩虹。首先选择第二个按钮在图像中绘制一个曲线形状路径，一旦路径绘制完毕，软件就会自动添加一条彩虹的效果，如图8-59所示。

图8-59　绘制彩虹的路径

4）修改参数。观察上图中彩虹的效果，发现自动创建出来的彩虹缺乏真实性。我们可以通过参数控制面板对它进行更进一步调节，如图8-60所示。

软件技巧

在绘制路径的时候，不必非常精细地创建它。即使我们绘制了一条不很光滑的路径，软件也会自动对其进行光滑处理，或者在后期使用软件提供给我们的工具进行控制点的位置调整。

图 8-60　调整参数

最终完成效果如图 8-61 所示。

图 8-61　彩虹的最终效果

上面为大家简要介绍了 Mystical Lighting 中两款滤镜。从操作上可以发现，这个滤镜组的光影特效功能十分强大，而且可控参数也很多，通过对每项参数的细致调节都可以获得不同寻常的效果，希望大家在日后的学习和工作中，能够通过这个插件的帮助，得到更加丰富的照片效果。

8.4　影像造梦者——DreamSuite

上一节中，我们介绍了 AutoFX 公司出品的 Mystical Lighting，除了这个优秀的插件以外，该公司还出品了其他著名软件，DreamSuite 就是其中一款。DreamSuite 提供了 100 多种特技效果，堪称 Photoshop 的造梦者。对于照片特殊效果的制作，所包含特效之丰富程度、类型之多，是其他软件不能相比的。

1. 界面及功能介绍

由于与上一节中介绍的 Mystical Lighting 是同一个公司出品的滤镜，所以 DreamSuite 也具有类似的软件界面和操作方法，如图 8-62 所示。下面，我们来说明一下前文中未做介绍的一些常用工具和按钮的使用方法。

软 件 信 息

DreamSuite 的官方网站为 http://www.autofx.com/products/DreamSuite，最新版本为 1.0 版本。

正确安装 DreamSuite 滤镜以后，启动 Photoshop，在滤镜菜单中执行"Auto FX Software"丨"DreamSuite"命令，就可以启动 DreamSuite 滤镜了。大家可以参考上一节对 Mystical Lighting 的介绍，了解 DreamSuite 的界面组成和功能，这里首先介绍放大、记忆点和移动工具，如图 8-63 所示。

图 8-62　滤镜的运行界面

图 8-63　工具与菜单

软 件 信 息

Dream Suite 实际上是由三个软件构成，即：DreamSuite1、DreamSuite2 和 Dream-Suite Gel，几十个滤镜组成，它们的执行都是从图 8-63 中"Special Effects"中完成。

首先，放大镜工具的使用方法和 Photoshop 的缩放工具一样，所不同的是没有参数选项供我们选择。使用放大镜时，按住 Alt 键可以缩小图像的显示。在放大镜工具的下方为记忆点工具，当我们单击此按钮中其中的一个圆点按钮时，系统会记忆此时对图像的操作，共包括 8 个记忆点，再次单击此按钮中的圆点，可以回到记忆点所记忆时刻的状态，作用相当于 Photoshop 中的历史记录。在记忆点工具下方为移动工具，它的使用方法也和 Photoshop 的移动工具一样。

如图 8-64 所示，在预览窗口上方增加了一个 Original 按钮，单击此按钮不要松开，可以观察图像未应用特效之前的状态，松开以后会显示使用特效后的效果，使用此工具可以方便我们对比使用 DreamSuite 滤镜前后的效果。

图 8-64　Original 工具

在大部分特效的参数控制面板上部都有四个控制标签，打开不同的标签可以切换到不同的控制面板，如图 8-65 所示。从左向右四个控制标签分别为 Effects Controls（特效控制）、Surface Controls（材质控制）、Environment Controls（环境控制）和 Lighting Controls（光线控制）。

Effects Controls（特效控制）是打开控制面板时的默认面板，在此面板中可以对特效的一些基本参数进行控制。

Surface Controls（材质控制）可以控制特效的表面材质属性，如改变表面的纹理、深度映射等参数，如图 8-66 所示。

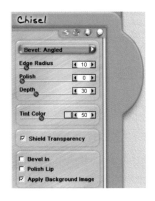

图 8-65　控制面板

图 8-66　材质控制面板

　　Environment Controls（环境控制）面板可以为图像增加玻璃状反射或者改变特效的质地，以增强图像的艺术感染力。改变环境参数得到的效果，如图 8-67 所示。

　　在 Lighting Controls（光线控制）面板中，可以为图像添加光照效果，如图 8-68 所示。

　　2. 效果演示

　　DreamSuite 包括了很多种特效类型，被分别归类放置在 DreamSuite1、DreamSuite2 和 DreamSuite Gel 中，如图 8-69 所示。由于 DreamSuite 所包括的特效类型太多，并且效果之间差异很大，我们无法一一进行详细介绍，下面只选择其中的几个类型说明。

图 8-67　环境控制面板　　图 8-68　光线控制面板

图 8-69　特效菜单

（1）DreamSuite 1。DreamSuite 1 包含 18 种特殊的效果，包括照片边框、雕刻、裂纹、立体、金属、波纹等，而且非常易于使用。设计者可用这些滤镜自由制作出上千种虚拟效果。

1）打开照片。在 Photoshop 中打开本书光盘中的"第 8 章 \8-70.jpg"文件，然后启动 DreamSuite 滤镜组，如图 8-70 所示。

作 者 心 得

在此，我们之所以拿图 8-70 来完成当前实例，主要是为了与前面 Photoshop 制作运动残影进行对比。实际上，使用 Photoshop 制作残影效果更加随意，操作更加灵活；而使用 DreamSuite 得到效果则更便捷一些。

图 8-70　在滤镜窗口中打开照片

2）运行滤镜。下面，为当前照片添加动态变焦的效果。单击界面左上角的 "Special Effects（效果）"按钮，然后依次在弹出的菜单中执行 "DreamSuite 1" | "Focus" 的命令，如图 8-71 所示。

图 8-71　运行滤镜命令

接下来，将得到 Focus 的运行界面，如图 8-72 所示。

图 8-72　滤镜的运行界面

观察左侧参数控制区，下面我们对它的参数进行介绍。

变焦类型：Soft Blur（柔化模糊）、Zoom Blur（缩放模糊）、Rotation Blur（旋转模糊）、Directional Blur（方向模糊）和 Speckle Blur（斑点模糊）。

Radius：半径，设置变焦模糊范围的大小。

Opacity：透明度，设置变焦透明度。

Soften Mask：柔化遮罩。

Invert：反转，反转模糊效果。

Motion Direction：此项针对 Directional Blur 类型，拖动面板中的蓝色控制点可以改变运动模糊时的模糊方向。

在参数面板右侧有几个工具按钮，分别为 Transform Focus Ellipse、Create Focus Ellipse、Focal Center Point、Remove Out of Focus Areas Brush、Add Out of Focus Areas Brush 等工具。它们的含义分别如下：

Transform Focus Ellipse：椭圆变形工具，可以通过此工具改变变焦效果的大小形状何影响范围。

Create Focus Ellipse：创建椭圆形工具。

Focal Center Point：改变变焦的中心点。

Remove Out of Focus Areas Brush：删除变焦笔刷。

Add Out of Focus Areas Brush：添加变焦笔刷。

3）调整参数。下面，对当前照片的模糊参数进行修改。进入到左侧参数调整区中，选择特效类型为 Directional Blur，Radius 为 75，其他参数采用默认值；进入到场景中，适当移动椭圆形的位置，此时效果如图 8-73 所示。

作者心得

DreamSuite 中 的 "Directional Blur（方向模糊）"，相当于 Photoshop 里面的运动模糊，虽然选择使用了这种模糊方式，但是要注意参数的使用，尽量不要太大，否则模糊程度过高，影响效果的表达。

图 8-73 调整参数并移动椭圆形的位置

在左侧参数控制区单击 "Create Focus Ellipse（创建椭圆性）" 工具，然后进入到场景中单击，创建更多的变焦中心，如图 8-74 所示。

图 8-74 创建更多的变焦中心

实例最终的效果如图 8-75 所示。

图 8-75 实例最终的效果

（2）DreamSuite 预设。除了对效果进行参数的直接设置以外，我们也可以使用 DreamSuite 中的预设，收到的效果也非常理想，下面使用 DreamSuite 中的滤镜预设制作一个水波的特效。

1）打开照片。在 Photoshop 中打开本书光盘中的"第 8 章 \8-76.jpg"文件，然后启动 DreamSuite 滤镜组，如图 8-76 所示。

图 8-76　打开照片

2）运行滤镜。下面，为当前照片添加水波的效果。单击界面左上角的"Special Effects（效果）"按钮，然后依次在弹出的菜单中执行 "DreamSuite 1"丨"Ripple"丨"Select Preset"的命令，如图 8-77 所示。

图 8-77　运行滤镜命令

3）选择预设。接下来，在弹出的预设窗口中，随机选择一种水波纹的效果，如图 8-78 所示。

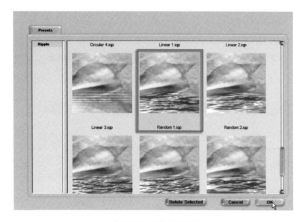

图 8-78　使用预设

4）调整预设。确定以后，回到工作场景中。我们可以适当地调整一下水波的范围，所以进入到场景中用鼠标压缩一下当前水波的垂直方向的长度，如图 8-79 所示。

图 8-79　调整水波范围

软件技巧

将鼠标放在控制圆的中心位置处，用于对当前控制圆进行移动；将鼠标放在控制圆的边缘上，用于调整控制圆的大小。

如果觉得仍然不够理想的话，也可以对左侧部分的参数进行调整，本节实例的最终效果如图 8-80 所示。

图 8-80　实例的最终效果

（3）DreamSuite 2。DreamSuite 2 可以让我们的作品更具艺术气息，非常容易激发用户的创造性。DreamSuite 2 包括了 12 种不同样式，利用这些模板，制作出不同的画框风格，如图 8-81 所示。在这些滤镜中，有些用于产生特殊的艺术效果；有些则是对照片进行各种风格的拼贴制作，从而最大限度地让用户体会处理影像的乐趣。

图 8-81　特效菜单

Dreamy Photo 用以制作出一种梦幻朦胧的照片特效，这种效果与本书前面所介绍的柔光效果比较接近，如图 8-82 所示，但是使用 DreamSuite 形成的照片则显得更加自然。

Film Grain 用于形成接近旧电影颗粒的艺术效果，其中这个滤镜中的几个预设质量非常理想，可以顷刻之间获得满意的影像效果，如图 8-83 所示。

图 8-82　柔光效果

图 8-83　胶片颗粒效果

在 DreamSuite 2 中还有几个滤镜专门用于制作各种拼贴效果以及电影胶片效果，如 Mesh、Mosaic、Film Strip 等，如图 8-84 所示，我们可以借助于这些滤镜的帮助，让照片的效果显得更加具有趣味性。

由于 DreamSuite 滤镜包括的特效五花八门，不能逐个对它们进行详细介绍，所以关于 DreamSuite 滤镜的介绍就进行到这里，大家可以根据已经介绍过的特效类型来了解其他类型特效的制作方法，从而更全面地掌握这个工具。

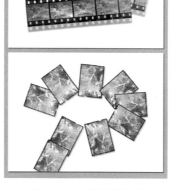

图 8-84　电影胶片效果

8.5　伪艺术家的魔法棒——油画大师 Virtual Painter

想让自己喜爱的照片变成一幅美丽的油画效果么？这时候对 Photoshop 有一定了解的读者马上会想到 Photoshop 中的艺术化滤镜，但是如果所有照片都使用这个滤镜来制作效果是否有些单调呢，那么不妨试一试本节中为大家介绍的这款专门形成各类油画效果的外挂滤镜 – Virtual Painter。

Virtual Painter 既可以作为 Photoshop 的外挂滤镜被安装到软件中，也可以作为一款处理照片的独立软件而存在。Virtual Painter 是一款用于将图像瞬间修改成油画作品的软件。这个软件操作简单，但是功能却非常强大，一共内置了 14 种各类油画效果，可以让我们在进行图像处理过程中享受成功的快乐。

1. 软件的基本操作

首先将这个插件安装到 Photoshop 中，打开一幅照片，然后选择菜单中的"滤镜" |"Virtual Painter" |"VP5"命令，将弹出如图 8-85 所示的软件运行界面。

软件信息

Virtual Painter 目前最高版本为 5.0，读者可以到该软件的官方网站（www.livecraft.com）了解其有关信息。

图 8-85　滤镜的运行界面

　　整个软件界面非常的简洁清楚。上方为滤镜的菜单部分，其中"Filter（滤镜）"菜单中一共集成了14 种绘画效果，如图 8-86 所示。它们分别为"Watercolor（水彩）"、"Oil Painting（油画）"、"Drawing（素描）"、"Pastel（蜡笔画）"、"Color Pencil（彩色铅笔画）"、"Airbrush（丝绢印花）"、"Gouache（树胶水彩）"、"Rectangles（矩形）"、"Triangles（三角形）"、"Impasto（厚涂颜料）"、"Collage（抽象拼贴画）"、"Pointillism（点画法）"、"Embroidry（喷绘法）"、"Silk Screen（丝网印刷）"、"Gothic oil painting（哥特式油画）"和"Fauvist oil painting（野兽派油画）"。我们可以在该菜单中随意选择希望获得的效果类型。

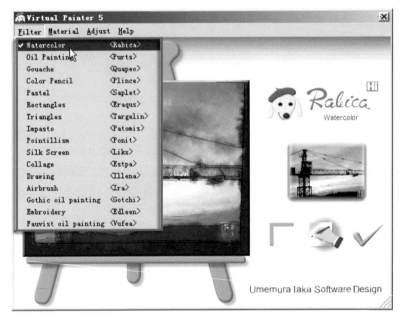

图 8-86　特效菜单

　　在菜单的下方有两个预览视图，其中右边较小的为图像的原始效果，而右侧较大的预览视图为修改完成后的照片效果。在右侧预览视图下方一共有三个按钮，它们分别为："Material（材质）"按钮，用于对照片背景的材质进行设置；"Adjust（调整）"按钮，用于修改和设置当前效果的相应参数；最后一个为确定按钮，如图 8-87 所示。

图 8-87　控制按钮

　　首先，我们需要在上方"Filter（滤镜）"菜单中选择一种效果，然后通过预览观察当前效果是否满意，如果需要参数的修改，则需要单击界面右下角的"Adjust（调整）"按钮来设置参数。如图 8-88 所示为参数修改面板，其中可以比较方便地调整油墨泼洒的强度、画面模糊的程度以及色彩的饱和度，这些调整都可以直接通过左侧的预览瞬间显示出来。

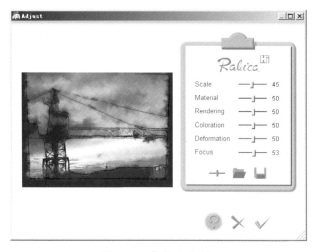

图 8-88　参数选项面板

确定以后回到滤镜的运行界面，我们还可以为场景添加一种艺术化的背景，单击右下角的"Material（材质）"按钮，将弹出背景设置窗口，如图 8-89 所示，在这里可以选择一种适合当前风格的画面作为背景。

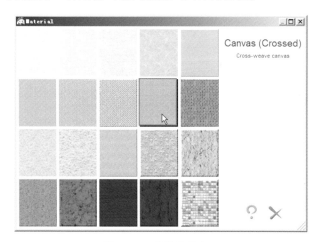

图 8-89　背景设置窗口

最后单击确定按钮，将回到 Photoshop 的软件界面中。这节实例中我们使用了"Watercolor（水彩）"的绘画效果，照片前后的对比如图 8-90 所示。

图 8-90　实例的最终效果

作 者 心 得

背景的选择还有助于改变绘画的效果。一旦选择某种材质，则相当于当前这种绘制效果在该材质上进行绘制。例如，同样是油画，在纸面上绘制与砖墙上绘制，效果是截然不同的。读者可以选择几种材质进行观察，就会发现其中的奥妙。

2. 效果示例

　　上面为大家简单介绍了 Virtual Painter 的软件界面以及基本操作方法，从中可以发现，这个软件的操作非常的简单，但是获得的效果却可以用专业级来形容。相信通过这个软件的帮助，一定会为大家喜爱的照片增色不少。Virtual Painter 在操作上没有特殊的难点，并且所有的特效在参数调整以及处理方法上都完全一样，如图8-91～图8-105分别是其余13种油画效果的示例效果，读者通过这些示例的帮助以及参数的调整，相信会得到更多满意的作品。

图 8-91　Oil　Painting 演示效果

图 8-92　Drawing 演示效果

图 8-93　Pastel 演示效果

图 8-94　Color　Pencil 演示效果

图 8-95　Airbrush 演示效果

图 8-96　Gouache 演示效果

8-97　Rectangles 演示效果

8-98　Triangles 演示效果

8-99　Impasto 演示效果

图 8-100　Collage 演示效果

图 8-101　Gothic 演示效果

图 8-102　Pointillism 演示效果

图 8-103　Embroidry 演示效果

图 8-104　Silk 演示效果

图 8-105　Fauvist 演示效果

第 9 章

非主流数码照片处理软件

上一章中，我们介绍了用于数码照片处理使用的 Photoshop 外挂滤镜。这些滤镜的产生，极大地方便了我们创作，并能提高工作的效率。虽然使用 Photoshop 本身的功能也往往可以获得同样的效果，但是在外挂的帮助下，一切则显得更加方便和简单。

本章，我们延续上一章的内容，为读者介绍一些处理数码照片的非主流软件，这些软件的作用各不相同，但是无外乎都能更方便地完成数码照片的修复和增效。实际上，这些软件也大多可以被作为 Photoshop 的外挂滤镜进行使用，但是在没有 Photoshop 的情况下，它们的作用就显得尤为重要了。

9.1 照片噪点好去除——Neat Image Pro

使用数码相机拍摄照片往往会出现噪点。假如我们的相机像素太低或者拍摄光线不好，拍摄出来的照片中噪点数量会更多，这时候就很有必要对照片进行降噪处理了。

图 9-1 相机中的感光度设置

摄 影 知 识

数码相机电子感光成像的原理，无论其感光器件是 CCD 还是 CMOS，都是把光的亮度转化为相应的电流，然后记录电流值来达到记录图像的目的。由于电子器件本身的噪声、放大电路的噪声以及干扰，在信号接收并输出的过程中所产生的图像中的粗糙部分，在最后的照片中光线稍暗的位置以及有阴影的地方容易形成无数的小亮点。在数码摄影领域内，这种现象就称之为"噪点"。

软 件 信 息

Neat Image 目前最高版本为 5.8，读者可以到其官方网站（http://www.neatimage.com/）了解该软件的相关信息。

摄 影 知 识

对于数码照片来讲，任何照片都有噪点，不过感光度高的噪点比感光度低的噪点多；对于一幅照片来讲，阴影区的噪点比高光区的噪点多。

感光度是一项数码相机的重要参数，用于控制相机感受光线的速度。在相机中使用ISO来进行表示，如图9-1所示。

感光度对摄影的影响主要体现在两个方面。其一是速度，更高的感光度可以获得更快的快门速度；其二是画质，越低的感光度带来更加细腻的成像质量，而高感光度的画质则是噪点比较多，比较图9-2和图9-3所示的不同ISO感光度拍摄。

在同样的光源环境，光圈大小相同的情况下，ISO50时的1/4秒，与ISO 400时的1/40秒的图像差别比较明显。所以，低感光度可以保证输出作品的细腻，而高感光度可以提高快门的速度，但是噪点将成倍增加。

图 9-2　感光度 50 拍摄的照片

图 9-3　感光度 400 拍摄的照片

使用 Photoshop 可以降低照片的噪点，但是操作起来毕竟繁琐，对于初学者来说，更是觉得无从下手，不容易达到降低噪点的目的。

作为功能强大的图片降噪软件，Neat Image Pro 可以处理由于曝光不足而产生大量噪点的数码照片，检测、分析并去除照片中的噪点干扰。由于考虑了取像设备独有的特性，所以 Neat Image Pro 的过滤质量比一般软件更高、更精确。Neat Image Pro 还支持多种图像输入工具产生的图片，不仅仅是针对数码相机输入的照片，还可以对扫描的照片进行优化。

首先，我们启动 Neat Image，然后单击界面左上角"打开输入图像"按钮，找到本书配套光盘中的"第 9 章 \9-4.jpg"图像文件，如图 9-4 所示。此时，图像将出现在软件工作界面的中心位置，左上角为设置按钮，右侧显示出该照片的相应图像信息。

图 9-4　打开照片

此时，我们可以通过单击图像右上角的"放大"按钮，将照片进行放大显示，从而明显的看到图中所呈现出来的噪点，如图9-5所示。

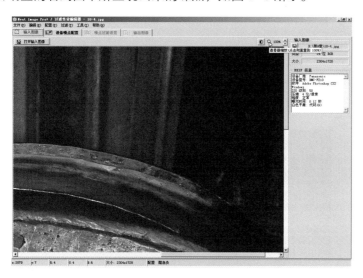

图9-5 进行视图放大

下面考虑使用 Neat Image 对图像中所存在的噪点进行过滤去除。Neat Image 的噪点去除步骤基本上分为如下几个过程：取样－运算－输出。

1. 取样

取样用于选取图像中噪点比较明显的一个区域，然后通过对该区域的噪点计算和处理，从而运用于整幅图像中，所以该取样区域的选择显得比较重要。

在 Neat Image 介面中，单击上方"设备噪点配置"选项卡，然后在图片上噪点比较明显的地方用鼠标拖拽出一个取样框（注意：取样框必须大于128×128像素），如图9-6所示。也可以先将该取样框拖拽出来以后，将鼠标放在框内将取样范围移动到图像的任务位置上去。

作者心得

通常情况下，取样的位置选择高光区和阴影区的交界处比较理想，这样的噪点有代表性，后期处理的完成照片看起来也自然一些。

图9-6 设置噪点取样

2. 运算

接下来，单击当前界面右侧"粗略噪点分析器"下方的标尺按钮；再单击
右下边的"自动微调"按钮，如图 9-7 所示。通过上面两次运算，Neat Image
基本上完成了对取样区域的噪点去除，所以接下来就可以将这个结果应用到整
幅图像中了。

图 9-7　对噪点进行运算

下面，单击软件界面上方"噪点过滤设置"选项卡，然后单击下方"预览"
按钮，经过一段时间的运算，我们发现取样部分的图像产生了明显的降噪效果，
如图 9-8 所示。同时，在该界面右侧，我们还可以对去噪进行更加精细的设
置，包括"噪点过滤设置"、"噪点降低数量"、"锐化设置"等内容，由于都比
较简单，读者可以尝试进行调整，相信会获得更满意的效果。

图 9-8　降噪效果

3. 输出

一旦对降噪的效果感觉满意以后，我们就可以将图像进行输出了。单击界面上方"输出图像"选项卡，然后单击下方"应用"按钮，对整幅图像进行运算，如图 9-9 所示。这次所需的运算时间更长一些，但是能看到图像在降噪完成了全貌。

图 9-9 对整幅图像进行运算

最后，单击界面左上角的"保存输出图像"按钮，将弹出保存窗口，在此设置保存路径以及文件格式，Neat Image 支持 *.tiff、*.bmp、*.jpg 三种常见文件格式，如图 9-10 所示。这样我们就完成了对一幅照片的去噪工作。

图 9-10 保存照片

本节实例最终完成效果与原始效果的对比效果如图 9-11 所示，从中能比较明显地看到去噪前后的巨大差别。

摄影知识

虽然像素数量是衡量相机性能的重要标志，但是并不是全部衡量指标。除了像素数量以外，还有感光度、快门速度、镜头等项目，有些高端相机未必具有很高的像素数，但是拍摄出来的照片效果往往好于高像素数的相机，而且有些特殊环境的拍摄任务，也需要借助于相机的其他参数来完成；除此之外，购买相机还需要考虑实用性，像素数越高的相机越贵，但是未必都适合于用户使用。我们在购买相机的时候，一定要掌握物尽所用的原则，不要让高端昂贵的相机成为摆设，从经验上来看，500～800万像素的相机可以作为家庭首选，1000万像素以上的相机则适用于各类专业摄影工作。

图 9-11　降噪前后的对比效果

9.2　图像放大专家——Photo Zoom Pro

图像放大对大多数人来说，是一件很困难的工作。因为放大以后的图像往往会出现马赛克或者模糊等现象。基于上述问题，市面上出现了很多采用插值运算进行图像放大的工具，其中 Photo Zoom 就是一款专业的图像放大软件，它采用申请专利的 S－Spline 技术，可以自动补偿图像放大后损失的细节和颜色，使放大后的图像画质近可能接近原始图像。这一节，我们将来了解一下这个软件的神奇之处。

1．像素、分辨率与插值像素

在介绍 Photo Zoom 以前，让我们首先来了解一下构成数码照片的最基本单位－像素。

在购买相机的过程中，无论是否对数码相机有一个充分的认识，我们往往最喜欢问的一句话就是"这款相机是多少万像素的？"。可以肯定地说，相机像素越高，自然档次就会越高。而且从目前相机的升级换代也可以看出来，像素的数量是首先被认定的一个重要指标，那什么是像素呢？

对于像素，我们从一幅照片说起。下面，在 Photoshop 中打开一幅照片，然后将它进行放大显示。在持续的放大过程中，一旦到一定程度以后，马上就可以发现原来是一张色彩艳丽，颜色过渡自然的照片，上面就会产生一个个的方格点，而且这些方格点都是由纯色构成的，如图 9-12 所示。

实际上，大家所看到的这每个方格点，就是一个像素，它是构成图像的最基本单位，我们也将它们称之为像素点。

上面说明完像素的基本概念以后，现在大家首先已经明白的一个问题就是，对于一幅图像来讲，上面所包含的像素数量越多，自然它驾驭色彩的能力就越强，同时图像就会越大。观察如图 9-13 所示的两幅图像和说明文字，可以明显感觉出它们的质量区别。这是一个最简单的例子，当然也比较极端，但是从中可以看出，图像的像素数量的多少，对最终图像的质量构成直接的影响。

图 9-12 放大照片显示像素点

图 9-13 不同分辨率照片的比较

分辨率: 600×450
像素值: 27万

分辨率: 60×45
像素值: 2700

数码相机分辨率的高低，取决于相机中 CCD（Charge Coupled Device：点荷耦合器件）芯片上像素的多少，像素越多，分辨率越高。由此可见，数码相机的分辨率也是由其生产工业决定地，在出厂时就固定了的，用户只能选择不同分辨率的数码相机，却不能调整一台数码相机的最高分辨率，进而不能提高使用这台相机拍摄出照片的分辨率。

数码相机的分辨率当然是越高越好，但是还要区分这个值是图像传感器的物理分辨率还是经过软件处理后得到的分辨率，这一点同样出现在扫描仪中。因为图像传感器像素大幅提高，产品的成本必然大幅提高，因此某些厂家采用软件插值运算的方法来提高像素和分辨率，如图 9-14 所示。这一方法虽然提高了分辨率，但通过软件生成的像素并不能真正反映真实的色彩，所以在图像中不同色彩的边界往往会产生色差和明显的锯齿。

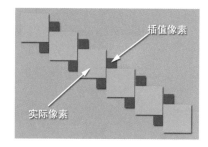

插值像素

实际像素

图 9-14 插值像素和实际像素示意图

对于本节要介绍的 Photo Zoom 来讲，它也是通过插值运算来提高图像的像素数量，不同的是，它能最大限度地降低图像地锯齿和色差，而提高图像的质量。所以，不要以为 Photo Zoom 放大的图像与原图像的质量相当，对于任何软件、任何手段将像素化图像放大的话，都不可避免的降低图像质量，只是 Photo Zoom 做得比较好罢了。

2. Photo Zoom Pro 的使用

首先启动 Photo Zoom Pro，然后单击界面上方"打开"按钮，打开本书配套光盘中的"第 9 章 \9-15.jpg"文件，如图 9-15 所示。整个操作界面分为三个部分，上面为工具栏、左侧窗口部分为参数设置区域、右侧为预览窗口。

图 9-15　打开照片

当前图像同时显示在设置栏中的"导航框"和"预览窗口"中，并在"原始尺寸"栏中显示图像的大小、像素数值等信息。其中由两个可调节的选项，可以让我们了解该图像在不同单位下的数值大小，调节它们不会影响图像。

图像过大时，可移动"导航框"中的方框来改变"预览窗口"中显示的图像局部，或是直接调节"预览窗口"下方的"预览比例"选项，改变预览图像的显示比例。

（1）放大图像。在"新尺寸"栏中的"图像尺寸"栏进行图像放大操作，从左到右分别为"宽度"、"高度"、和"放大单位"选框和"通用尺寸"按钮。

如果按照自己的需求来确定图像放大后的宽度和高度像素值，将"放大单位"选为"像素"，然后分别在"宽度"和"高度"框中手动输入或是单击上下箭头来设置像素值。如果不确定自己需要的宽度和高度，只希望得到最佳的放大效果，可将"放大单位"选为"百分比"然后依次单击"宽度"和"高度"框中的上下箭头进行倍数放大，直到满意的效果为止。单击"通用尺寸"按钮，在弹出的菜单中可以看到常用的桌面壁纸和电视屏幕尺寸大小，选择一项即可快速将图像调整为对应的像素值，如图 9-16 所示。放大效果会即时显示在预览窗口中。另外，在"图像尺寸"栏上方还会显示出图像放大后的体积供我们参考。

图 9-16　设置图像尺寸

软 件 技 巧

在"设置尺寸"区域下方，有一项"维持纵横比"的选项，一定要确保勾选，这样放大前后的照片长宽比才能保持一致。

（2）设置补偿算法。单击"算法"下面的选框可以在 10 种画质补偿算法中进行选择。软件默认使用 S－Spline 补偿算法，该算法针对数码照片提供了多种补偿效果，可通过单击"设置"选框的下拉小三角进行选择，如人物选择"照片/肖像"选项，可以让补偿后的人物脸部更加生动自然。除此之外，软件还允许我们手动调节补偿参数，单击"细节"按钮，在弹出的菜单中有更多的参数可供设置，如图 9-17 所示。

软件技巧

如果对照片没有特别的要求，通常选择使用"S-Spline"算法都可以获得不错的效果。

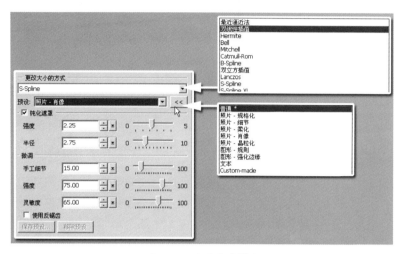

图 9-17　设置补偿算法

（3）图像输出。单击"另存为"按钮，弹出"保存"对话框，选择一个文件夹，输入文件名，选择图像格式，最后单击"保存"按钮即可将放大后的图像保存起来。如图 9-18 所示为同样放大尺寸情况下，Photo Zoom 与 Photoshop 的比较情况，从中可以明显看出两者的差别。

Photo Zoom 还有一项特殊的功能，对于需要批量放大图像的用户，Photo Zoom 还提供了批量放大模式。单击"新建批文件"按钮，在界面下方会显示出操作栏，单击"添加图像"或者"添加文件夹"按钮将要放大的图像都添加到中间的文件列表框中，然后选中一个文件名，并按照单张图像的放大方法对其进行设置，完成后单击"执行"按钮，在弹出的"批任务设置"对话框中选择图像保存路径、图像格式和文件名创建方法，最后单击"开始批任务"即可，如图 9-19 所示。

图 9-18　不同软件放大图像的比较

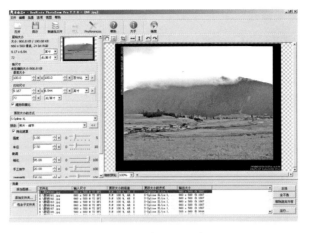

图 9-19　批处理照片

9.3 "傻瓜级"综合处理软件——Turbo Photo

Turbo Photo 是一款简单实用的数码照片后期处理软件，无需任何复杂的操作，只要单击几下鼠标，就可以让数码照片立刻发生变化。软件虽然体积不大，但在功能上却涵盖了绘图、编辑、特效、添加边框等功能，可谓是一应俱全，并且做出来的图像效果也比较理想。

对于很多初学者来说，如果自己的数码照片只需要美化一下而已，而面对 Photoshop 复杂的菜单、众多的滤镜又无从下手的时候，那么 Turbo Photo 简单且人性化的操作流程、强大的功能、人性化的界面设置，则可以使每一个没有任何图像处理基础的用户在最短的时间内获得想要的图像效果。

首先启动 Turbo Photo，在界面左上角单击"打开文件"按钮，或者执行菜单中的"文件" | "打开文件"命令，打开一幅需要处理的图片，此时默认状态下弹出"向导中心"窗口，如图 9-20 所示。向导中心提供了一些对数码照片经常出现问题的修复办法，如色彩、曝光或者图片瑕疵等。我们可以通过该中心的提示一步步完成对照片初步的修正，是一项面向初学者实用的功能。

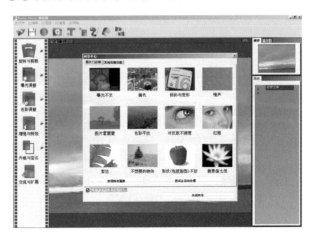

图 9-20　向导中心窗口

　　实际上，上述向导中心的所有功能也可以在后面软件中获得。单击"向导中心"右下角的"关闭向导"按钮，将得到 Turbo Photo 的软件运行界面，如图 9-21 所示。整个软件界面分为 5 个部分，最上方为软件的菜单栏、菜单栏的下方为工具箱、软件界面的左侧为软件的主要功能按钮，我们需要使用它们完成对照片各种问题的处理，中间部分则为图像的预览区域，右侧为历史记录，作用与 Photoshop 的历史记录相似，可以对处理步骤进行回退。

图 9-21　软件的运行界面

　　下面，我们针对 Turbo Photo 的主要功能依次进行简要介绍。

1. 旋转与剪裁

　　单击左侧功能按钮中的"旋转与剪裁"，将弹出这部分功能的菜单，如图 9-22 所示。在该菜单中提供了涉及到旋转与剪裁常用的功能，其中主要包括：旋转、翻转和纠正失真等，这些功能与 Photoshop 中的自由变换具有异曲同工之妙。

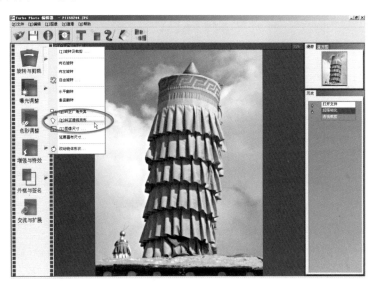

图 9-22　旋转与剪裁

打开本书配套光盘中"第 9 章 \9-22.jpg"文件，注意到当前图像中主体对象有些倾斜，所以下面使用 Turbo Photo 来进行处理，执行图 9-22 中的"纠正透视变形"命令，在弹出的窗口中可以通过拖拽四方控制点以使画面主体对象趋向于垂直，如图 9-23 所示。

图 9-23　调整裁剪方向

完成上述操作以后，单击界面下方的"纠正"按钮，回到场景中，将得到如图 9-24 所示的最终正确效果。

图 9-24　完整裁剪以后的场景

2．曝光调整

Turbo Photo 自动判断数码照片状况从而提出解决方案，让用户轻松完成数码照片品质的制作。

单击软件界面左侧功能区中的"曝光调整"功能，弹出的窗口将为我们提供三种操作方案，如图 9-25 所示。

图 9-25 曝光调整的三种方式

第一种方案最为简便和直观，直接为您提供了各种效果的预览图，只需单击鼠标选择满意的效果即可，如图 9-26 所示。

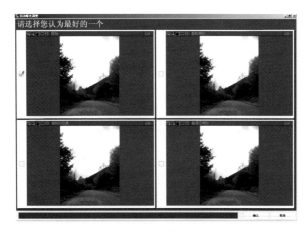

图 9-26 预览视图

第二种方案为"点测光调整"，它允许我们在画面上定义一个较暗的点作为补光取样点，随着对该点的单击，图像的亮度逐渐提升，如图 9-27 所示。

图 9-27 点测光调整

如果需要调整更小的细节，Turbo Photo 还提供了"手工调整"让用户自行调整每个设置值，完成更细致的数码照片调整，如图 9-28 所示。实际上，从窗口中可以看出，这就是一个简化的 Photoshop 曲线调整功能。

作 者 心 得

一般使用"点测光"调整场景亮度的时候，通常选择照片中的中间色调进行单击，例如，对图 9-27 进行处理的时候，可以选择图中的道路或者颜色比较浅的树叶单击，这样随着单击数量的增加，会看到照片的亮度逐渐发生变化。

图 9-28　手工曲线调整

3. 色彩调整

"色彩调整"部分提供了一些图像经常使用的色彩调整工具，这些工具可以有效地帮助我们改善照片中可能出现的各种问题，如图 9-29 所示。

图 9-29　色彩调整工具

"可视化色彩调整"用于进行单色的添加或者去除，单击缩略图的色调参考界面，完成图像的色彩偏差的校正，如图 9-30 所示。

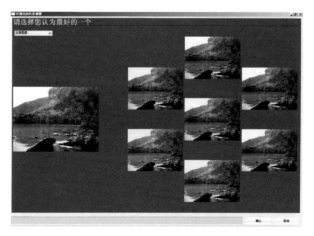

图 9-30　可视化色彩调整

软件技巧

"可视化色彩调整"工具与 Photoshop 中"图像"|"调整"|"变化"命令相似，可以单击工作界面中所提供的各种色调缩略图，进行加色和减色，直至得到一幅自己满意的照片效果。

"手动色彩调整"允许我们在数值以及预览图的帮助下完成图像"色度"、"饱和度"以及"亮度"的调整，如图9-31所示。

图9-31　手动色彩调整

4. 增强与特效

这部分可以说是 Turbo Photo 最有特色的部分，也是该软件能在众多数码照片处理软件中脱颖而出的魅力所在。

单击左侧功能按钮"增强与特效"，将弹出如图9-32所示的菜单。在这部分功能中，Turbo Photo 提供了多种锐化、模糊增强功能，并可以增强动态范围，增加柔光镜、渐变镜、星光镜等特效，去除噪声、斑点、红眼、紫边等功能。从中可以发现，它们基本上涵盖了本书前面部分为大家所介绍的各种数码照片特效，而在 Turbo Photo 中只需要我们轻点鼠标就可以完成 Photoshop 中许多繁琐步骤才能实现的效果。

图9-32　增强与特效功能

例如，我们想在 Turbo Photo 中模拟反转片负冲的效果，可以在图9-32所示的菜单中执行"配色和效果方案"命令，然后在弹出的窗口中直接选择"反转负冲"，就可以获得这种效果，如图9-33所示。

作 者 心 得

"增强与特效"提供了一些效果的完成结果，但是无法设置特效的参数，所以如果作者对效果有一定要求的话，仍然建议在 Photoshop 中手动完成特效的制作。

在"增强与特效"中，Turbo Photo 为我们提供了很多常用的照片艺术效果，通过直接单击就可以应用于场景照片上。但是效果不能叠加，也就是说无论在当前窗口下，单击选择几种效果，最终呈现在照片上的是最后一种效果。

图 9-33　反转负冲效果

在"增强与特效"中还有一些其他的照片效果，如图 9-34 所示，由于篇幅所限，就不为大家一一介绍了，读者可以对自己喜爱的照片应用其他各种功能，相信也能收到不错的效果。

正片模拟　　　　　　　　正片模拟-人像　　　　　　　反转负冲

晚霞效果　　　　　　　　冷色滤镜　　　　　　　　　暖色滤镜

转黑白　　　　　　　　　柔光镜　　　　　　　　　老照片

强冷色　　　　　　　　　高对比暖色　　　　　　　黑客帝国等各色增补配色

图 9-34　其他特效

5. 外框与签名

给自己照的相片加上独特的边框样式不仅美观又能体现出你的独特来，使用 Turbo Photo 给照片都加上相框只需一步，既方便又省去了单独下载添加边框的软件。

单击"边框与签名"功能弹出边框设置窗口，结合预览图在左侧目录中任意选择满意的边框效果即可，如图 9-35 所示。

　　更多丰富的 Turbo Photo 边框可通过单击"边框与签名"窗口中的"下载更多边框"，或者登陆 Turbo Photo 社区"我爱糊图"（http://www.52hutu.com/）中的"资源下载"栏目得到。

　　Turbo Photo 还具有边框的编辑与管理功能。在编辑管理模板列表中，选择任一边框模板可进行编辑、删除、移动等操作，也可以创建简单或复杂的边框，如图 9-36 所示。

作 者 心 得

"外框与签名"功能是 Turbo Photo 的一个特色，这方面功能比 Photoshop 优秀。使用这个功能，可以快速为照片添加边框，而且边框和签名还可以随意进行设置，从而为我们节省了大量的时间。

图 9-35　添加外框和签名

图 9-36　编辑和管理边框

　　用户可以创建带有签名的边框，具体的做法是通过单击"创建新的简单边框"进入边框编辑窗口，可以看到在"模板编辑"窗口中，不仅可以添加模板信息，还可以增加和调整边框的效果，如图 9-37 所示。

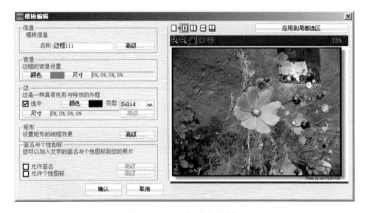

图 9-37　编辑边框模板

　　勾选"允许签名"并单击其后的"高级"按钮，在弹出的"签名设置"窗口中可以为边框添加个性签名，其中可以包含宏。宏是一种预定含义的文字，譬如用户名可以用 %U 表示等。在旁边的"插入宏"按钮可以插入诸如光圈大小、快门速度一类的宏。当图像 EXIF 信息中有这类信息的时候，对应的字符串会被插入到签名中。这就为自动加入拍摄信息提供了方便。根据窗口下方的简图可以调整文字效果以及签名的位置，如图 9-38 所示。

图 9-38　编辑签名

6. 独特的月历显示

利用 Turbo Photo 不仅可以插入各式各样的文字效果，并且还具备插入月历文字功能，这样用户就可以轻松制作自己的日历桌面。

首先，在场景中打开一幅照片，然后单击软件界面上方的"加入文字"按钮，如图 9-39 所示。

图 9-39　单击"加入文字"按钮

在弹出的窗口中，单击左侧上方的"插入月历"按钮，就可以插入任意年份任意月份的日历了，如图 9-40 所示。

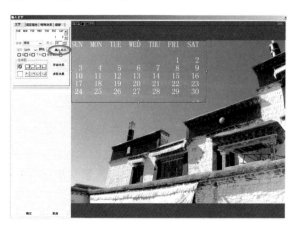

图 9-40　插入月历

作 者 心 得

在"插入"月历设置窗口中，可以随意对年份和月份进行修改，还可以为文字增加简单的特效，例如，阴影、浮雕等。

在"特殊效果"选项卡中可调整插入文字的阴影、浮雕和放射效果，如图 9-41 所示。

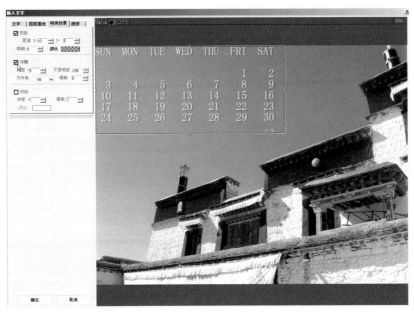

图 9-41 设置文字效果

9.4 快速打印证件照——证照之星

证件照片的打印往往是后期输出的一个难题，这不但因为各种证件照片的规格各不相同，对于一些打印社的从业人员往往需要详细地记住各种照片的输出尺寸；而且，在打印之前还需要将照片进行准确的排版处理，这样无形之间就增加了一定的工作量。

基于上述所说的问题，目前市面上出现很多专业用于排版和打印证件照片的软件，其中证照之星无疑是其中一款值得初学者使用的软件。证照之星可以非常方便地完成从照片的输入、裁切、排版一直到最终打印的整个过程，其间不需要借助于其他软件的帮助，而且这个软件还提供了一些照片瑕疵以及色调调整的功能，可以说是一款专业级的应用软件。下面，我们对这款软件进行简要介绍。

1. 照片的输入

如图 9-42 所示的就是证照之星的软件启动界面。整个界面构成显得非常简单明了，中间部分为图像的预览区域，右侧为功能按钮区域。

首先，我们导入需要打印的照片。证照之星支持两种导入方法，一种是单击右侧"文件选择"按钮直接打开硬盘中已有照片，另外一种是通过单击"联机拍摄"按钮，通过连接的照相机拍摄照片导入到软件中（目前版本只支持佳能部分相机），将照片导入到软件中以后的界面效果如图 9-43 所示，右侧下方的部分按钮将变为可选。

软件信息

"证照之星"目前最高版本为 1.3 版。

软件技巧

"证照之星"的联机拍摄功能目前只支持部分佳能相机，缺乏一定的兼容性，更多支持的相机类型可以参考软件帮助，建议读者拍摄照片以后再导入软件进行打印。

图 9-42　软件运行界面

图 9-43　导入照片

2. 设置规格

接下来，我们就可以对照片设置打印的规格了。在右侧按钮中单击"规格设置"按钮，将弹出如图 9-44 所示的窗口。

在当前窗口中提供了日常经常使用的打印规格，右侧显示为这些证件照片的打印尺寸。如果在日常使用中觉得这些类型仍不够用，我们可以通过单击窗口下方"增加"按钮，扩充一些用户能够使用到的证件尺寸。

图 9-44　设置打印规格

3. 对照片尺寸进行裁切

我们导入到软件中的照片尺寸未必符合要求，往往需要必要的裁剪。证照之星提供了简单而准确的裁剪方法。首先回到软件主界面中，将下方"显示裁切框"进行勾选，然后进入到中间预览窗口中，选择人物头部裁剪位置进行单击标定，如图 9-45 所示。

图 9-45　裁剪人像的头部

下面，在右侧按钮中单击"照片裁切"按钮，在弹出的菜单中选择"手动裁切"命令，如图9-46所示。

图9-46　手动裁剪

完成裁切以后的效果如图9-47所示。

图9-47　完成裁剪的效果

4. 色调和瑕疵处理

证照之星提供了对照片色调和瑕疵的简单处理，这些处理功能主要集中在"色彩修正"、"背景处理"和"其他处理"按钮中，使用这些功能可以对图像色调、对比度、人物面部的斑痕和背景进行处理。

例如，执行"背景处理"按钮下的"去除灰背景"命令，在弹出的窗口中，通过调整滑块可以将图像后面的背景转换为白色，如图9-48所示。

这部分功能相对比较简单，如果面对复杂情况的照片，处理效果或许不尽人意，因此可能仍需配合其他图像处理软件才能得到比较满意的效果。

作者心得

在进行"照片裁切"的过程中，需要将"裁切框"准确对齐到人像的头部中央位置，这样裁切完成后的照片主体部分才能是人像的头部，否则将会出现错误。

图 9-48　去除灰色背景

5. 打印设置

　　将图像规格尺寸设置完毕以后，接下来就是打印设置了。单击右侧"打印设置"按钮，将弹出"打印设置"窗口，如图 9-49 所示。

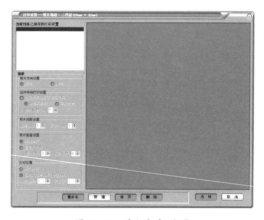

图 9-49　进行打印设置

　　在该窗口中单击"新建"按钮，然后在弹出的窗口中选择"本地打印"还是"送至冲印"命令，如图 9-50 所示。对于冲印和打印的相关内容将在下一章中为大家进行详细介绍。

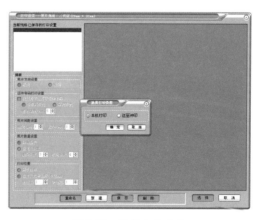

图 9-50　选择打印方式

如果进行本地打印，需要当前电脑中连接打印机，选择"本地打印"以后，将弹出"打印设置"窗口，如图9-51所示。

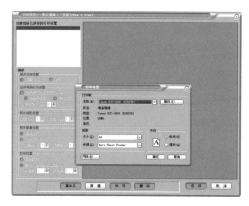

图9-51　设置打印机

单击"确定"按钮以后，将弹出证照之星的打印相关设置，在此设置照片之间的间距、照片打印的数量和打印位置等相关参数，如图9-52所示。

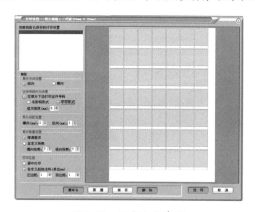

图9-52　调整打印参数

将上述参数设置完成以后，单击界面下方"保存"按钮，在弹出的窗口中设置一个易于分辨的名称，然后单击下方的"选择"按钮，如图9-53所示，这样就完成了对打印的设置内容。

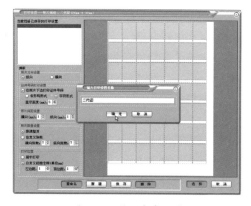

图9-53　输入打印名称

作 者 心 得

在进行打印设置的过程中，软件会根据我们对照片的设置自动优化排版。如果对排版不满意，可以重新按照纸张与照片的大小，在左侧参数输入区中设置照片水平和垂直方向的数值。

6. 打印输出

最后，我们需要将照片进行输出，单击右侧的"照片输出"按钮，在弹出的窗口中输入一个名称，如图9-54所示。

接下来，将弹出"打印预览"窗口，在该窗口中观察上面的设置是否准确，如果无误的话，那么直接就可以单击下方的"打印"按钮，完成对该证件的打印操作了，如图9-55所示。

 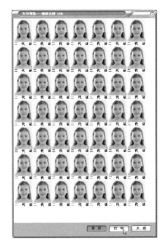

图9-54　输入输出名称　　　　　图9-55　打印排版效果

软件信息

Picasa 目前最高版本为2.0版，读者可以到其官方网站（http://picasa.google.com/）了解该软件的相应信息。

上述我们介绍了证照之星的基本使用方法，从文件的输入、照片的修复、打印尺寸以及打印的设置，基本上一气呵成，而且操作非常方便，希望大家在以后的学习和工作中能够使用到这款简单而实用的工具。

9.5　图片浏览管理新贵——Picasa 2

目前市面上有很多的图像浏览软件，这些工具可以帮助我们在不使用Photoshop 的情况下，自如地对硬盘中的图像进行观察和管理，从而更加方便地使用这些图像。对于一款优秀的图像管理软件来讲，用户首先关心的自然是速度问题，只有更快地显示图像，才能有效地提高工作效率；另外从功能上来讲，用户关心的不是这个软件有多少功能，而是这些功能是否都是经常使用得到，并在功能操作方面应该力求简洁明了。基于上面对优秀图片浏览软件标准的界定，Picasa 2 无疑是其中的佼佼者。

Google Picasa 是一个简单好用的免费图片处理工具，深受初学者的欢迎。与专业图像处理软件相比，Picasa 软件不仅完全免费而且使用简单，可以满足图片处理的基本要求，主要功能包括图片浏览、照片尺寸缩小裁剪、特效处理、消除红眼、调整对比度等，并且具有强大的照片管理功能，使电脑中的照片井井有条。下面，简要介绍一下有关 Picasa 的基本功能和使用方法。

首先，我们可以到 Picasa 的官方网站（http://picasa.google.com/）下载这个软件，与上面介绍有所不同的是，目前 Picasa 仍然是一款完全免费的软件。第一次运行 Picasa 时会提示扫描硬盘上的图片文件，这里有两个选项，一是扫描整个硬盘上的图片，二是只扫描我的文档、图片和桌面上的图片文件，如图 9-56 所示。

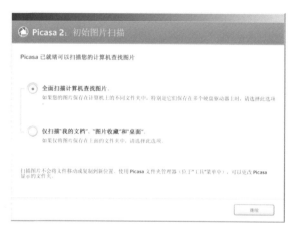

图 9-56　扫描照片

要注意的是 Picasa 也会扫描 AVI 格式的视频文件，如果图片文件都固定放在几个文件夹里的话，那可以选择第二个选项，进入 Picasa 主界面后可以再重新扫描指定的文件夹，免得将视频文件也归入 Picasa 内。如果图片分散在硬盘各个分区内，可以选择第一个选项。扫描的作用至关重要，虽然花费的时间可能很长，但是 Picasa 会将所有图像的索引记录下来，在后面图片浏览的时候节省大量的时间，所以这是一个一劳永逸的步骤。

1. 图片管理

扫描完毕后进入软件主界面，我们就会发现 Picasa 已经将所有包含图片的文件夹都按照时间先后顺序排列在左边，如图 9-57 所示。

图 9-57　软件的运行界面

并且都放在了一个自定义图片集"硬盘上的文件夹"中。这种管理方式可以很直观地查看修改硬盘上的图片，即使有些图片可能你已经遗忘了，Picasa 还是能轻松地帮我们找出并呈现在你面前。这种图片管理方式的好处是最新的

软 件 信 息

Picasa 支持的一些文件类型有很多，图片格式：jpg、bmp、gif、png、psd、tif；电影格式：avi、mpg、wmv、asf、mov；RAW 数据文件包括 Canon、Nikon、Kodak、Minolta 和 Pentax 相机支持各种格式的文件。

图片总是排列在最前面。你也可以自己创建图片集，将不同类型的图片做分类管理。

Picasa 的图片管理功能包括：自动扫描并归类照片，为照片组添加标签，为喜欢的照片设置星级，在多个相册中保存同一张图片，给任何一个 Picasa 图片集添加密码等。合理利用 Picasa2 的图片管理功能，让照片管理变得轻松愉快。

（1）查找已经遗忘的图片。当我们在计算机上查看、扫描图片时，Picasa 会整理整个图片集并按照日期将所有图片自动排序，这样我们可以非常方便地通过时间来查找图像。另外，在界面的右上角，也可以通过直接输入文件名称来进行图像的精细确定，如图 9-58 所示。

图 9-58　查找图片

（2）添加标签。在 Picasa 中使用标签来标记照片以快速创建照片组，查看和共享通过标签分组的照片非常容易。这些照片可以制作成精美的幻灯片演示和电影，或者通过电子邮件将它们发送给亲朋好友，如图 9-59 所示。

图 9-59　添加标签

（3）添加星级。给最喜爱的照片添加金星：一眼就可认出最喜欢的图片。
Picasa 甚至还具有星标搜索功能，可在 1 秒钟之内找出整个照片集里那些效果
最好的照片，如图 9-60 所示。

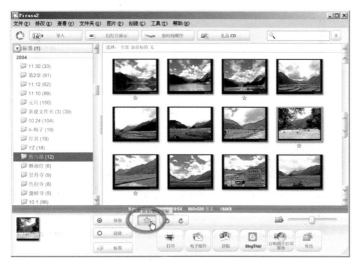

图 9-60　添加等级

2．图片浏览

Picasa 的图片浏览方式多种多样，操作起来也十分简单，而且由于在搜索
排序时已经对图片做了缓存设置，因此打开图片的速度非常快，几乎感觉不到
停顿。单击左边的图片文件夹，右边的图片框中会显示该文件夹内所有图片的
缩略图，如图 9-61 所示。单击某一张图片下方的蓝色条上还可以看到该文件
的简单信息。

图 9-61　进行图片浏览

双击图片进入浏览模式，可以看到放大的图片，如图 9-62 所示。在图片
顶部有一个图片滚动条，单击向左或向右按钮可以查看该文件夹内所有的图片。

在下方还有一排控制按钮，可以随意地旋转和缩放图片。查看图片时 Picasa 还会自动对图片进行优化处理，力求达到最完美的效果。

图 9-62　将照片放大显示

Picasa 没有全屏浏览图片这个选项，想要全屏浏览图片的话可以执行菜单中的"查看"|"幻灯片演示"命令（快捷键：Ctrl+4）。在幻灯片播放时既可以让它自动播放，也可以手动操作浏览图片，而且只有当我们把鼠标移动到屏幕下方时才会显示控制栏，不会随意打扰我们浏览，如图 9-63 所示。

图 9-63　幻灯片演示状态

3. 图片修缮

Picasa 提供了三种图片修改功能，分别为"基本修正"、"微调"和"效果"，如图 9-64 所示。修改操作轻松随意，只需双击鼠标即可完成，而且修改的效果在右边的图片中随时表现出来。

基本修正区域中主要用于处理图像的常见瑕疵，包括色彩、对比度，人物的红眼以及尺寸和畸变的修正。其中"手气不错"可以说是 Picasa 的特色了，使用这个功能，只要单击一下鼠标，Picasa 会自动对图片进行优化处理，得到的效果也是不错的。

微调部分主要用于处理在照片拍摄过程中，由于对光线以及曝光操作失误所造成的照片缺陷，如图 9-65 所示，主要功能包括：补光、曝光、阴影和色温的调整。

图 9-64　图片修改功能　　　　图 9-65　微调处理部分

Picasa 的图片"效果"功能也十分有特点，它内置了 12 种滤镜效果，并且每种效果都有缩略预览图，让我们可以很直观地了解到使用该滤镜后所产生的效果，如图 9-66 所示。

图 9-66　内置滤镜部分

Picasa 网络相册是 Picasa 的最新功能，旨在帮助用户在网上方便地张贴和共享照片。任何人都可以使用此软件，它提供了以下功能：

（1）1GB 免费存储空间，大约可张贴并共享 4 000 张照片，还可以选择升级为更大的空间。

（2）优质照片，会自动调整尺寸及优化以填满可用的屏幕空间。

（3）端到端照片管理，可以轻松地将上传的照片下载到计算机上。

（4）要注册网络相册，请访问 http://picasaweb.google.com。

4. 图片共享

由于有 Google 强大的网络技术作为后盾，Picasa 在图片共享的方式上要明显比其他同类软件高出一筹了，如图 9-67 所示。

图 9-67　图片共享

除了常规的打印外，还可以通过 E-mail 发送电子邮件给朋友。如果我们拥有 Google 提供的 Blog 服务（www.blogger.com）的话，还可以把图片贴到自己的 Blog 中去，让更多的人可以看到你的杰作。

第 10 章

输出——冲印和打印

在本书的前面章节中，我们基本上已经了解了有关数码照片的各种处理技巧和一些特效的制作方法，相信各位摄影爱好者对这些内容已经有所掌握了。那么，照片处理在电脑以及网络中除了以数字方式传播以外，更多的可能就是对其进行输出了。本章，将对数码照片的两种常用输出方法进行详细的介绍。

一般来说，想把数码相机拍摄的影像转换成可随意张贴、收藏的照片无非需要通过两种途径：一是利用喷墨打印机打印输出，这种方法简单且易于实现，但是由于这种输出方法对耗材和设备要求比较严格，所以照片打印效果往往不是特别理想，况且成本较高。

二是由专门的数码冲印店利用大型的数码冲印设备冲印出想要的照片。这种方法具有方便快捷、照片质量高的优势，每幅照片的成本也得到了有效控制，从而成为了数码相机用户最佳的照片洗印方案和常规的输出方式。

10.1 数码冲印

数码冲印技术进入我们的生活已经很长一段时间了，相信读者对其并不会陌生。但是在进行冲印以前，我们仍然需要对这种技术进行简要介绍，并且对一些在冲印过程中经常出现的问题进行相应地了解，从而获得更加令人满意的照片效果。

1. 数码冲印技术概况

数码冲印技术是感光业尖端的技术，数码冲印就是使用彩扩的方法，将数码图像在彩色相纸上曝光，继而输出彩色照片，这是一种高速度、低成本、高质量制作数码照片的方法。数码冲印实际上是由数字输入、图像处理、图像输出这三部分组成。

数字输入是可以分为两种：第一种是传统底片、反转片、成品照片通过数码冲印机的扫描系统，扫描成数字图像输入到与冲印机连接的电脑中。第二种是将记录有数码相机拍摄照片的 SM、CF 卡等存储介质，以及软盘、MD、光碟等可以直接在电脑中读取的文件。对于我们常规所说的数码冲印往往指的是

作 者 心 得

虽然数码冲印店具备
对照片基本缺陷的处
理能力，但是仍然建
议读者在将照片送交
冲印店以前自己处理，
一方面对照片存在的
问题比较了解，另外
一方面可以节省时间，
免去不必要的麻烦。

第二种。

电脑对数字图像处理有先天的优势，数字化图像输入电脑后，可以使用图形处理软件对图像的曝光、清晰度、红眼等进行调整，同时可以进行图片裁剪、加文字、换背景、加特效等后期处理，达到最佳效果。数码图像处理完后，数码冲印输出的过程基本与传统的彩扩一样，利用药水和相纸发生化学反应而实现。

数码冲印的原理较为复杂，但归根结底和在家中处理数码照片所用的方法基本相同，两者都需要数码影像输入、计算机处理、照片输出三个阶段才能顺利实现，家用的设备不外乎扫描仪、读卡器、计算机、喷墨打印机，而专业数码冲印店所用的设备则要更加复杂，往往是由类似这些功能的不同部件组合而成，兼具输入、计算机处理、照片输出三项功能，并且在照片处理的速度和品质上都有着家用器材无法比拟的优势。

专业数码冲印机具有高速影像调整功能，对面部肤色、色彩渐变、颗粒度进行处理增强，并可进行超高清晰度处理，这保证了用数码冲印机输出的照片清晰度，即使是用胶片输出的照片也比一般的彩扩店冲印的要清晰细腻很多，与家用的照片打印机相比就更不用说了。

数码冲印机的输出部分是由一台激光打印机和冲纸机组成的，如图 10-1 所示。

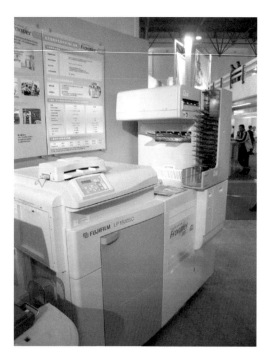

图 10-1　数码冲印机

其主要配置为蓝、绿两色固态激光器，一个红色激光二极管，这些激光器可以将底片上的雾斑降至最低限度，确保色彩层次均匀分布，使处理后的照片更加清晰、逼真。图像源无论是数码还是胶片，都可以冲印出赏心悦目的照片。

2．数码冲印与传统冲印的对比

数码冲印最大的优势体现在可以进行照片的后期合成处理上，能够利用计算机软件对照片进行清晰度、对比度、人像面部斑点的修正，并且还能采用"移花接木"等手法实现原有拍摄背景的替换，从而达到以假乱真的独特效果。

旧照片的翻新和新照片的做旧利用这种冲印方法也能轻易实现，这对于某些用户来说确实能带来不一样的视觉感受。

此外，处理速度快也是数码冲印带给消费者的一大实惠。专门的"数码冲印台"整合了高档扫描仪，除了能扫描照片、图片之外还可以用来扫描底片，无论是 135、120、220、APS，还是其他格式的底片，都能把影像快速转化成高精度的数码格式，在经过后期的细致修改后再利用高速打印机打印出来。某些设备的打印速度可以达到每小时 700 张，这与传统冲印方式较低的"产能"相比无异于天壤之别。

再者，数码冲印在成本上也能让消费者感到满意。一般来说，一张 6 英寸照片在数码冲印店的洗印价格为 1 元左右，基本上是家用喷墨打印的一半，即使与传统冲印方式相比这个价格也同样具有竞争力。当前市场上一卷胶卷的售价加上冲印费用大约需要 35 元，而同样数量和尺寸的数码冲印费用则为 18 元。由于传统相机并不具有"即拍即显"的功能，照片拍得到底怎样只能等到冲洗出来才能最终知晓，而数码冲印则可以让消费者在冲印之前通过数码相机或电脑进行筛选，从而有效避免了冲印"次品"的出现，如此一来，数码冲印的综合成本要比传统冲印低很多。

随着科技的进一步发展，数码照片的输入途径也更趋多样化，无论是通过网络共享，还是利用读卡器、磁盘、CD-ROM、MO 等介质，都能快速地录入数码影像，如图 10-2 所示。而传统冲印方式则显得过于单纯，它对于注重工作效率的现代生活来说的确有些不合时宜了。

图 10-2　数码冲印的基本流程

3．网上数码冲印的客户流程

对于传统数码冲印来讲，我们需要将数码照片使用存储卡携带到数码冲印店，完成后取回照片即可，这种冲印方式对于客户来讲往往需要一定的时间，而且显得比较麻烦。

近年来，由于网络的普及和运用，很多大中城市的数码冲印形成了比较成熟的市场，很多商家开展了网上数码冲印业务，极大地方便了客户，为我们节省了时间。基于网上冲印形成时间不长，并且很多读者对这种冲印模式并不完

作者心得

（1）除了输出方面的对比以外，数码摄影本身就具备所见即所得的优势，而传统摄影则无法在拍摄过程中对照片最终形成的结果进行把握，所以数码摄影将是未来摄影的趋势。

（2）网上数码冲印作为全新网络生活体验，有着诸多吸引用户的绝对优势。

优势之一：节省时间。传统的照片冲印过程中，用户至少需要 2 次外出，加上路程和天气等因素，时间损失较大。而选择网上冲印数码照片，用户足不出户即可完成资料传送、取相片的工作，省时又省力。在网上冲印操作中，人性化的界面和网上服务亲情平台也为普通用户提供了便捷化的服务。多种付费方式、多种配送模式以及短信（电子邮件）通知发货等便民措施，能为用户最大限度地节约时间。

优势之二：降低价格。不足 1 元的价格使得网上冲印更加平民化。这样的低价位冲击着人们传统的消费观念，也使得网上冲印逐渐飞入了寻常百姓家。

优势之三：提高质量。只要用户提供的照片分辨率足够高，网上冲印不会因为冲印过程而导致相片的清晰度下降，相反可以对原照片素材做专业的色彩处理，然后选择

效果最好的一张进行冲印，或者按照用户的特殊要求，完成相应的数码处理之后，再进行冲印。

优势之四：多元化的服务。除了可以在线冲印数码照片外，网上冲印店还可向用户提供各种多元化、个性化的数码增值服务，包括使用数码照片制作马克杯、马克盘、台历和挂历等。在冲印过程中专业的冲印人员不但会对数码相片进行亮度、对比度、以及曝光不足等修正，而且可以把数字照片刻录成多媒体光盘，对于那些不能熟练地使用图像处理软件的用户，无疑具有非常大的吸引力。

全了解，所以下面介绍一下网上冲印的基本步骤。

首先可以通过网络搜索读者本地的一家网上数码冲印店网站，然后注册为该网站会员，如图 10-3 所示。目前一些比较大的数码冲印店大多开展了数码冲印业务，所以选择一家性价比较好、信誉良好的店家应该比较容易。

图 10-3　注册会员

注册成功以后，可以继续单击页面中弹出的"冲洗照片"按钮，如图 10-4 所示。如果已经注册网站会员，则可以直接从首页页面进行登录，从而完成后面的设置。

图 10-4　冲印照片

接下来，根据网页提示进行照片的上传，如图 10-5 和图 10-6 所示。目前很多网上冲印店都提供有专门的客户端软件，通过安装这些软件，可以更加快捷和方便地上传照片以及付费。在完成对所选择照片上传以后，单击页面右侧的"下一步"按钮，继续对后面的部分进行设置。

图 10-5　上传照片（1）

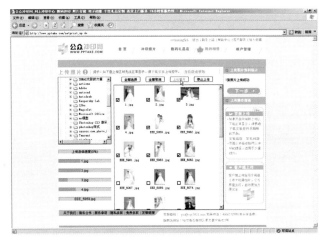

图 10-6　上传照片（2）

下面，我们需要对所冲洗照片进行设置，确定冲印数量以及尺寸，将这些内容设置完毕以后，单击页面右侧的"确认冲印"按钮，如图 10-7 所示。

图 10-7　设置冲印数量和尺寸

作 者 心 得

网络照片冲洗注意事项：
（1）选择网络冲印店首先应了解该店的价格、优惠措施、送交照片时间等，这些内容关乎客户利益。
（2）尽量下载使用该店的专用客户端软件，通常里面都提供批量上传的功能，可以有效节省上传时间。
（3）信息务必填写准确，例如：照片冲洗的数量和规格、联系地址和联系电话等，从而减少不必要的麻烦。

选择需要冲印的照片，单击"填写配送信息"按钮，如图 10-8 所示。

图 10-8　填写配送信息

在接下来弹出的页面中详细填写配送地址和客户的准确信息，这一步非常重要，便于送货时与客户随时进行联系，如图 10-9 所示。完成内容填写以后，单击页面下方的"下一步"按钮。

图 10-9　填写配送地址和客户信息

最后，我们需要对上述的设置内容进行核实，确认无误后进行付费，单击页面下方的"支付订单"按钮，如图 10-10 所示。

图 10-10　支付订单

如果账户上余额充足，则可以完成本次网上冲印，如图 10-11 所示。

图 10-11　完成网上冲印

　　如果账户上余额不足，则必须使用网站提供的各种充值方式对账号进行充值，如图 10-12 所示。最后这个步骤，每个网站提供的方式有所不同，但是按照网站介绍的方法，基本都可以完成充值。

图 10-12　进行网上账户充值

4. 客户在冲印前的准备工作

　　在上面章节中，我们介绍了数码冲印的有关内容。那么，在我们高高兴兴把拍摄到的数码照片拿去冲洗之前，应该做些什么准备工作吗？

　　现阶段生产的数码相机虽然大部分都已具备 300 万像素以上分辨率（清晰度），足以冲印 3R 或 4R 尺寸的照片。但很多用户在冲洗时忽略了一些基本性的问题，如照片质量与裁切比例、存储卡的保护，以及给予冲印店工作人员的指示等，种种处理不当都有可能会影响数码照片的冲印效果。所以我们只有把

作 者 心 得

目前银行卡的使用已经进入我们生活的方方面面了，当然在网上的使用也比较频繁，但是仍然建议读者注意网络支付的安全性。尽量选择在家中或者非公共网络环境下使用银联卡，并不定期对密码进行修改。

作者心得

如果读者对表中的照片尺寸对应仍然不清楚，可以在送交冲印店以前，给冲印店打电话询问相关事宜，通常都可以得到比较明确的解答。另外，表中列出的只是普通冲印规格，不包括制作一些艺术特效照片，例如冷裱、体恤印照等等。

软件知识

通常表示照片规格会用"寸"来表示，和显示器之类的产品用对角线长度表示尺寸的方式不同，照片所说的"几寸"是指照片长的一边的英寸长度。比如6寸照片，就是指规格为6英寸×4英寸的照片。而国际上还有一种通行的表示照片尺寸的方法，即取照片短的一边的英寸整数数值加字母R来表示。如6寸照片，规格为6英寸×4英寸，即4R。

事前准备功夫做足，冲印出来的照片才会称心如意。

（1）家用数码冲印尺寸参考。为节省存储卡空间，大部分数码相机都会提供多种照片拍摄质量供用户选择，主要分为 Best（最佳质量）、Good（良好质量）及 Normal（普通质量）。其区别是把拍摄后的 JPEG 照片按不同程度进行压缩，但过分压缩会严重影响照片冲印质量，所以后两者拍出的照片未必真正适合冲印。在把照片拿去冲印前，用户最好先检查清楚冲印后的照片质量与拍摄到的影像文件是否成比例。要确保冲印效果令人满意，大家可参考下表。

表10-1　家用照片冲印尺寸与分辨率

冲印尺寸（英寸）	文件大小（约）	要求最低分辨率（像素）	照片对应尺寸
（1寸/2寸）	150KB～200KB	640×480（30万）	2.5cm×3.5cm/5.3×3.5cm
（5英寸×3.5英寸）3R	500KB～550KB	1280×960（120万）	12.70cm×8.89cm
（6英寸×4英寸）4R	600KB～650KB	1280×1024（130万）	15.24cm×10.16cm
（7英寸×5英寸）5R	800KB～900KB	1600×1200（200万）	17.78cm×12.70cm
（8英寸×6英寸）6R	1KB～1.2MB	1900×1280（240万）	20.32cm×15.24cm
（10英寸×8英寸）8R～8F	1.3KB～1.5MB	2048×1536（300万）	25.40cm×20.32cm

　　注　其他尺寸请参考本节后面的表 10-3。

此外，拍摄质量越高及文件越大，冲印照片的效果越好。用户如果要经常冲印数码照片，最好先检查照片是否符合上述要求。笔者个人的建议是拍摄时尽量选用"最佳质量"以减少照片细节损耗和确保冲印效果良好。

另外，用户也可根据以下公式，计算正确的数码照片输出尺寸大小。

$$拍摄分辨率 \div 300dpi ＝输出尺寸$$

举例说明：假设拍摄的照片是 150 万像素（1024×1536），就把 1024 及 1536 各除以 300，得出 3.5 寸 ×5 寸（即 3R 尺寸）。就是说 150 万像素的数码照片冲印的最大极限是 3R，以此类推。

（2）照片长宽比例的调整。由于数码相机 CCD 感光器件尺寸的限制，大部分数码照片的长宽比例是 4:3，而一般 3R 照片比例是 5:3.5，4R 则是 3:2。若按比例冲印，照片会出现白边或部分影像会被裁掉。也许有读者会说，我们可以预先在计算机中对照片长宽比例进行裁切，但笔者并不建议这样做，因为这是很花时间的。权宜之计是拍摄时在影像边缘位置预留 5 ～ 8mm 的空间，就能够避免上述问题。

当然，如果我们觉得自己剪裁照片更为准确，完全可以在将照片送交冲印店以前，使用 Photoshop 的"裁切"工具自行对照片进行剪剪。只需在工具选项输入合适比例，如 3.5 寸 ×5 寸，裁切工具就会依照用户提供的比例进行照片剪切。

据笔者所知，当前很多冲印店根据数码相机的潮流，可以直接冲印 4:3 的照片，不用裁剪即可。6寸的照片实际上就是6×4.5英寸（15.2×11.4厘米），所以在冲印以前，可以多了解一下所在冲印店可洗的实际尺寸与价格。

（3）使用软件修饰照片。在把照片交到冲印店或直接利用打印机打印之前，适当地利用软件调整照片明暗、反差、对比度与色彩鲜艳度等有助于提高照片的观赏性。对于这些内容，本书在前面章节中已经有比较系统而全面的介绍，在此就不再介绍了。

（4）附表。表10-2所示为150PPI计算的数码相机可冲洗最大照片的数据对照表（英寸）。

表10-2　可冲洗最大照片的数据对照表

相机感光元件像素（万）	有效像素数	最大图像分辨率（dpi）	可冲洗照片尺寸（cm）	对角线尺寸（英寸）
500万	有效4915200	2560×1920	17×13	21寸
400万	有效3871488	2272×1704	15×11	19寸
300万	有效3145728	2048×1536	14×10	17寸
200万	有效1920000	1600×1200	11×8	13寸
130万	有效1228800	1280×960	9×6	11寸
80万	有效786432	1024×768	7×5	9寸
50万	有效480000	800×600	5×4	7寸
30万	有效307200	640×480	4×3	5寸

表10-3为各种家庭常用证件照片尺寸。

表10-3　家用证件照尺寸

证件名称	尺寸（mm）	证件名称	尺寸（mm）
第一代身份证	22×32	第二代身份证	26×32
驾驶证	22×32	日本签证	45×45
普通证件照	33×48	护照	33×48
港澳通行证	33×48	赴美签证	50×50
驾照	21×26	毕业生照	33×48
车照	60×91		
一寸（1×1.5英寸）	25×35	二寸（1.5×2英寸）	35×49
小一寸	22×32	大一寸	33×48
小二寸	35×45	大二寸	35×53

注　一寸照片，如护照、签证申请等；学位证书多采用的是大一寸，48毫米×33毫米；身份证、体检表等多采用小一寸（32毫米×22毫米）；第二代身份证尺寸为26mm×32mm；普通一寸照则为25mm×35mm；护照旅行证件的相片标准相片尺寸为48mm×33mm，头部宽度为21～24mm，头部长度为28～33mm。

10.2　数码打印

上一节中介绍了有关数码冲印的内容，在现实生活中，除了使用这种方式

作者心得

（1）200万像素已经可以冲印出较理想的照片。

（2）300万像素是个不错的选择，既保证了像素，文件又不是很大。

（3）太大的像素对冲印质量影响不大（文件太大冲印店也会帮助客户裁切），但文件尺寸会很大，如果相机内存卡很充足、家里电脑硬盘很大，就使用该相机所能拍摄的最高像素进行拍摄，这样后期调整的空间会更大一些。

作者心得

由表10-2可以看出，5寸照片（3×5），采用800×600分辨率就可以了。由此类推，6寸照片（4×6），采用1024×768分辨率；7寸照片（5×7），采用1024×768分辨率；8寸照片（6×9），采用1280×960分辨率。

进行照片的输出以外，目前越来越多的家庭逐渐使用了数码打印获得照片。随着耗材市场价格不断降低，这种方法也被更多的用户所接受。下面，介绍一下数码打印的一些基本知识。

1. 照片打印机的分类

从目前家用照片打印机的市场分析，如果按照体积以及易用性来讲，大体上分为传统桌面打印机和便携式打印机两种。前者就是我们常见的家用打印机，大多数连接电脑，能够打印 A4 或者更大幅面照片的设备，相信读者都比较熟悉，如图 10-13 所示。

图 10-13　照片打印机设备

图 10-14　数码直打打印机

便携式打印机是指体积小巧、易于携带的照片打印机，主要是为了满足用户在移动途中打印照片的需要而设计的。目前便携式打印机最大输出幅面大多为 A6，即可以打印我们常说的 4 寸或 5 寸照片，如图 10　15 所示。

作 者 心 得

（1）此类打印机在打印部分和传统打印机并没有多大区别，只是增加了一些数码控制线路，如液晶显示、读卡器等，如图 10-14 所示。

（2）用户可以不通过电脑直接在打印机上打印存储卡甚至数码相机上的照片。当然具备数码直打技术的数码打印机在销售价格上要稍高些，不过在身边没有电脑的时候，这种打印机要方便许多。从目前来讲，这类打印机在市场的占有率也更高一些。

图 10-15 便携式打印机

实际上，无论照片打印机属于哪种类型，它们的原理基本上都无外乎两类：喷墨打印机和热升华打印机。

（1）喷墨打印机。喷墨打印机可以把数量众多的微小墨滴精确地喷射在要打印的媒介上，对于彩色打印机包括照片打印机来说，喷墨方式是绝对主流。由于喷墨打印机可以不仅局限于三种颜色的墨水，现在已有六色甚至七色墨盒的喷墨打印机，其颜色范围早已超出了传统 CMYK 的局限，也超过了四色印刷的效果，印出来的照片已经可以媲美传统冲洗的相片，甚至有防水特性的墨水也都上市了。

喷墨打印机在目前市场上种类繁多，可供读者选择的余地比较大，而且价格相对比较便宜。墨水和纸张等配件的价格也都比较合理，真正实现了从"一般"到"完美"的各个层面的不同需求。缺点是打印的速度比较慢，不耐用，不适合于大批量任务和频繁的工作。另外，从打印效果上来看，它不如后面要介绍的热升华打印机好。

（2）热升华打印机。在色彩的表现力上，热升华打印机比喷墨打印机要好，热升华的 300dpi 的精度几乎相当于喷墨打印机 4800dpi 的效果。同时其每种颜色的浓淡均由打印头的温度控制，可以有 256 级梯度，颜料又是通过升华过程气相施加到纸张上的，三种基色相互融合可以形成连续的色阶，因此单就打印效果而言，热升华打印机打印出图像的色彩逼真度和还原性相比喷墨打印机要略胜一筹，可以说是数码相机的最佳拍档。镀膜功能是热升华打印机独有的功能，由于热升华主要是用于输出照片，而将照片镀膜之后，其整体的色彩感觉将会更加明亮鲜艳，而且还具有了防水、防指纹、抗氧化的功能，在保存方面要比传统的喷墨打印机打印出来的照片长久一些。

2. 照片打印纸的分类

打印照片需要使用专门的可打印纸张。虽然使用普通的纸张也可以打印照片，但是打印出来的照片往往色彩不够鲜明甚至于渗漏墨滴，从而导致照片不具有保留的价值。随着数码产品的普及，越来越多的家庭和单位需要更多的照

作 者 心 得

从速度上来讲，最快的是使用便携式打印机，可以随时随地进行拍摄打印，缺点是不能进行照片的高级处理。喷墨打印机由于有电脑连接，所以可以对照片进行更精细的处理。

片打印服务，照片级的打印纸也越来越多地受到人们的关注。

因为是为打印照片专门制造的纸张，所以既要求有一定的厚度和硬度，还要求色彩鲜艳，而且颜色能够保持长久。在技术上，其实照片打印纸也是在普通纸的基础上涂上特殊的涂层，这样可使纸张的效果看起来更加光亮，而且可以快速将颗粒极小的墨水吸收并使之固化，使照片颜色保持鲜艳。另外，较硬的纸张质地，能在极高的打印分辨率下防止墨水渗透。根据涂料层及纸张介质的不同，照片打印纸又可分为光泽照片纸、相片纸、光面纸等几种，下面分别作一下介绍。

（1）光泽照片纸。光泽照片纸最大特点是打印出来的照片表面有一层光泽，并且有传统照片的质感，还有良好的防潮效果，适用于打印一些高质量的照片、唱片封套和报告封面等，是打印照片的首选纸张，如图 10-16 所示。

（2）光面相片纸。光面相片纸表面采用的是树脂层，因此呈现出带光泽的亮白色，非常光滑，打印出的色彩鲜艳生动。可以用来打印照片、贺卡和圣诞卡，特别是用于制作家庭或个人影集，如图 10-17 所示。

（3）高分辨率纸（厚相片纸）。高分辨率纸的涂层比普通喷墨打印纸要稍厚一些，表面更加平整，因此打印效果也要好一些，可以使输出的效果接近传统照片品质，当你需要用高品质的彩色输出去创造夺目的图像时，它是极好的选择。

图 10-16　光泽照片纸

图 10-17　光面相片纸

3. 照片打印的基本流程

上面章节中为大家介绍了有关打印机与耗材的一些基本知识，一旦这些硬件设备都具备了，接下来就可以将数码照片打印出真实的照片了。可以进行照片打印的软件有很多，甚至于直接使用 Windows XP 自带的打印功能也可以，这里我们主要使用 Photoshop 来完成打印操作，下面简述打印的基本步骤和设置方法。

首先，在 Photoshop 中选择菜单中的"文件"|"页面设置"命令，在弹出的窗口中，首先设置要打印照片的大小，然后在下方确定横幅和纵幅，如图 10-18 所示。

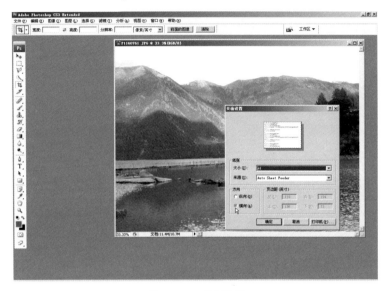

图 10-18　页面设置

再执行菜单中的"文件"|"打印"命令，弹出如图 10-19 所示的窗口，在其中需要设置的项目有以下几项：选择打印机类型、复制数量、照片在打印纸中的位置和缩放后的打印尺寸等，如果对色彩有要求，也可以对右侧颜色处理部分选择颜色管理的对象。完成上述设置以后，单击窗口右下方的"打印"按钮。

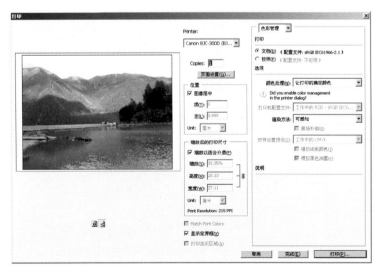

图 10-19　打印设置

作 者 心 得

由于数码打印的耗材比较昂贵，不建议读者直接使用照片打印纸进行照片打印。可以采取使用黑白打印模式、普通打印纸进行预览打印，一旦觉得设置无误以后，再采用最高质量输出照片，这样可以避免不必要的损失。

接下来，将弹出如图 10-20 所示的打印窗口，由于上面已经完成了有关打印的所有设置，所以在该窗口下直接单击"打印"按钮即可。

图 10-20　完成打印操作

附录 A

常用数码影像处理动作集

附录 I 为本书资源光盘中"数码后期处理动作集"内容的相应介绍，有关动作的安装和使用方法，可以参考本书 6.10"使用'动作'功能批量处理数码照片"一节进行学习。

A.1 冲印证件照

冲印证件照动作集中提供了日常生活中常用的各类证件照制作的动作命令，如附图 A–1 所示。

附图 A-1　冲印证件照动作列表

如果要使用动作制作证件照片，只需要打开照片，运行相应动作即可。附图 A–2 和附图 A–3 是使用该动作完成的证件照示例。

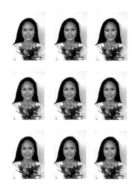

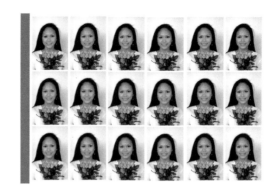

附图 A-2　5 寸驾照　　　　　　　　　附图 A-3　身份证照

更多内容请参见光盘。

A.2　数码照片反转片

数码照片反转片动作集中提供了市面上比较流行的制作反转片以及反转负冲效果的动作命令，如附图 A-4 所示。

附图 A-4　数码照片反转片动作列表

附图 A-5 ～附图 A-10 是使用该动作完成的效果示例。

附图 A-5　反转负冲效果（1）　　　　　　附图 A-6　反转负冲效果（2）

附图 A-7　反转负冲效果（3）

附图 A-8　反转负冲效果（4）

附图 A-9　反转负冲效果（5）

附图 A-10　反转负冲效果（6）

更多内容请参见光盘。

A.3　添加照片边框

添加照片边框动作集中提供了一些照片边框的制作方法，如附图 A–11 所示。

附图 A-11　照片边框动作列表

附图 A–12 ～附图 A–15 是使用该动作完成的边框效果。

附图 A-12　照片边框效果（1）

附图 A-13　照片边框效果（2）

附图 A-14　照片边框效果（3）

附图 A-15　照片边框效果（4）

更多内容请参见光盘。

A.4　艺术效果制作

艺术效果制作动作集中提供了各种照片艺术效果制作方法，使用它们可以快速地获得照片特效，如附图 A–16 所示。

附图 A-16　艺术效果动作列表

附图 A–17 ～附图 A –20 是其中几款照片的特效示例。

附图 A-17　冰冻效果

附图 A-18　手绘效果

附图 A-19　水墨画效果

附图 A-20　素描效果

更多内容请参见光盘。

A.5　照片基本调整

照片基本调整动作集中提供的工具主要用于对照片各类基本问题就行修正，如附图 A–21 所示。其中包括调整对比度、色调以及锐化等命令。

附图 A-21　照片基本调整动作列表

A-22 ～附图 A-25 是其中几个动作的示例演示效果。

附图 A-22　灰蒙蒙照片的修复

附图 A-23　曝光不足的校正

附图 A-25　锐化边缘

附图 A-24　人像柔焦效果的制作

更多内容请参见光盘。

附录 B

藏区风光人文摄影作品选

在本书资源光盘中提供了一个电子相册文件（藏区风光人文摄影作品选 .exe），读者可以双击打开浏览观看，附图 B-1 ～ 附图 B-12 是其中部分作品。

附图 B-1　藏区风光人文摄影作品选

附图 B-2　藏区风光人文摄影作品选

附图 B-3　藏区风光人文摄影作品选

附图 B-4　藏区风光人文摄影作品选

附图 B-6　藏区风光人文摄影作品选

附图 B-5　藏区风光人文摄影作品选

附图 B-7　藏区风光人文摄影作品选

附图 B-8　藏区风光人文摄影作品选

附图B-10　藏区风光人文摄影作品选

附图 B-9　藏区风光人文摄影作品选

附图 B-11　藏区风光人文摄影作品选

附图 B-12　藏区风光人文摄影作品选

更多内容请参见本书配套光盘。